Philippe Boulanger

Les mille et une nuits de la science

BELIN

Éditions Belin 8, rue Férou 75006 Paris

Remerciements

Je remercie Pierre Oscar Levy qui a eu l'idée d'une telle série de scènettes, Jean Dalibard, Catherine Allais, Madeleine Boulanger, Marie-Claude Brossollet pour leur lecture et leurs suggestions, Jean-Paul Delahaye pour la générosité avec laquelle il m'autorise à utiliser ses idées, Bruno Vacaro pour l'ingéniosité de ses illustrations, mes «compagnons d'épreuves» à *Pour la Science*, Hervé This, Françoise Cinotti, Bénédicte Leclercq, Luc Allemand, Yann Esnault, Philippe Pajeot, mes «compagnons de chaîne» à *Archimède*, Patrick Sobelman, Jean-Jacques Henry, Jonas Rosales, pour des échanges fructueux sur le fond et la forme de la vulgarisation scientifique, et surtout les auteurs qui ont accepté d'écrire dans *Pour la Science,* et dont les articles ont été une source précieuse d'inspiration.

Illustrations intérieures: BrunoVacaro
Couverture: L'observatoire d'Istambul (XVIe siècle).
©Rapho/Roland et Sabrina Michaud

ISSN 0993-4812 ISBN 2-7011-**2445**-X

Un pastiche, sinon rien

Sommaire

Première nuit	**La bibliothèque dans la plaque d'or**
Deuxième nuit	**Les propriétés de π**
Troisième nuit	**Le ralentissement du temps**
Quatrième nuit	**Les remontées dans le temps**
Cinquième nuit	**Le présent du djinn**
Sixième nuit	**La longue marche**
Septième nuit	**Les transformations du monde**
Huitième nuit	**La découverte du premier oiseau**
Neuvième nuit	**La dernière des dernières**
Dixième nuit	**Les jeux de l'amour**
Onzième nuit	**Faites le singe, pas la guerre**
Douzième nuit	**Prendre la (bonne) porte**
Treizième nuit	**La taille des diamants : conte théologique**
Quatorzième nuit	**Les fractales**
Quinzième nuit	**La chaleur humaine**
Seizième nuit	**La bague devinée**
Dix-septième nuit	**La perle noire**
Dix-huitième nuit	**Le partage proportionnel**
Dix-neuvième nuit	**Sur des charbons ardents**
Vingtième nuit	**Les super-tâches**
Vingt-et-unième nuit	**Le nœud de l'intrigue**
Vingt-deuxième nuit	**Le parler vrai**
Vingt-troisième nuit	**Les femmes infidèles**
Vingt-quatrième nuit	**Le catalogue des catalogues**
Vingt-cinquième nuit	**L'enfer du jeu**
Vingt-sixième nuit	**Les martingales dévoilées**

VINGT-SEPTIÈME NUIT	**Fatum**
VINGT-HUITIÈME NUIT	**La suite dans les idées**
VINGT-NEUVIÈME NUIT	**Les amants des amazones**
TRENTIÈME NUIT	**L'intelligence animale**
TRENTE-ET-UNIÈME NUIT	**Le vote des juges**
TRENTE-DEUXIÈME NUIT	**Mortel cheminement**
TRENTE-TROISIÈME NUIT	**La passe à trois**
TRENTE-QUATRIÈME NUIT	**Passe-moi un chameau**
TRENTE-CINQUIÈME NUIT	**La vitesse de la lumière**
TRENTE-SIXIÈME NUIT	**La chute des corps**
TRENTE-SEPTIÈME NUIT	**La déviation de la lumière**
TRENTE-HUITIÈME NUIT	**Le labyrinthe terrifiant**
TRENTE-NEUVIÈME NUIT	**Les ponts de Schahville**
QUARANTIÈME NUIT	**Le chaos**
QUARANTE-ET-UNIÈME NUIT	**Un monde flou, flou, flou**
QUARANTE-DEUXIÈME NUIT	**La création du monde**
QUARANTE-TROISIÈME NUIT	**Le drame de la courbure**
QUARANTE-QUATRIÈME NUIT	**Chaud et froid**
QUARANTE-CINQUIÈME NUIT	**Les poisons qui ne tuent pas, mais au contraire…**
QUARANTE-SIXIÈME NUIT	**Soliman ne marie pas sa fille**
QUARANTE-SEPTIÈME NUIT	**L'équilibre des populations**
QUARANTE-HUITIÈME NUIT	**La floraison des bambous**
QUARANTE-NEUVIÈME NUIT	**Le secret des notes**
CINQUANTIÈME NUIT	**L'hôtel infini**
CINQUANTE-ET-UNIÈME NUIT	**Le talon d'Achille**

Première nuit

LA BIBLIOTHÈQUE DANS LA PLAQUE D'OR

L'aube céda la place au jour et illumina le palais de Chahzamane, roi de Samarkand. Hélas, le roi se morfondait : il songeait que ses collections seraient toujours incomplètes, ce qui le rendait morose, et, faute de place, il ne pouvait même plus les améliorer, ce qui l'exaspérait. Chahzamane avait le gène du collectionneur : il faisait collection de collections. Il avait les plus belles opales, les plus étincelants rubis, les plus somptueuses tentures de Damas en soie enchevêtrée d'or et quelques-uns des plus beaux livres du monde. Trente serviteurs lettrés sillonnaient les terres lointaines et achetaient de magnifiques ouvrages ; d'autres les copiaient dans les bibliothèques. Trois cents salles du palais étaient tapissées de livres rares, de dictionnaires et d'encyclopédies de toutes tailles*.

« Où vais-je ranger les nouveaux volumes ? », se lamentait le roi.

Mais il ne pouvait renoncer à sa passion de collectionneur.

« J'aimerais demander conseil au djinn Ibliss, mais il me boude. Pourtant il s'entend si bien avec ma fille Irvana. Jeunesse insolente et coupable… de lèse-majesté », maugréait-il.

* Que des encyclopédies puissent avoir des grosseurs différentes est étonnant.

Il se consola avec les fruits de son premier repas, des pêches de Khoullama, des coings de Turquie, des pommes musquées, tous les fruits du monde…

Irvana était d'une rare douceur, et son teint reflétait le tendre éclat de la Lune. De sa fenêtre elle admirait Adjib, le marchand d'huile, jeune homme vigoureux et, à ses yeux, charmant, avec lequel elle aurait voulu tenir de doux propos. Hélas, le roi était sévère, et Irvana ne pouvait qu'adresser au jeune éphèbe un petit souris lors de sa promenade matinale, où elle paradait, flanquée de ses dames d'honneur et autres espionnes.

Que faire, s'interrogeait-elle, sinon demander conseil à Ibliss ? Elle composa SOS djinn sur sa cithare et le djinn apparut dans un tournoiement de lumière embaumée.

« Je ne peux communiquer avec Adjib, lui confia Irvana, d'une voix dont la mélodie était celle d'un ruisseau de perles. Tous mes messages sont d'abord lus par les servantes qui rapportent à mon père. »

Elle suppliait Ibliss de la secourir, en baisant les mains diaphanes et les pieds impalpables du djinn. Ibliss rayonnait de satisfaction. Il pourrait, encore une fois, aider Irvana : il l'avait connue toute petite et avait pour elle une particulière tendresse.

« Tu vas utiliser *Levis*, le code secret des djinns. Écris ton message à Adjib et remplace chaque lettre par un nombre à

deux chiffres, 01 pour *a*, 02 pour *b*, etc. jusqu'à *z*, qui est remplacé par 26.

– Je comprends, gazouilla Irvana, mon message passera comme une facture ou une commande d'huile. Mais pourquoi 01 pour *a*, et non pas 1 ? »

Le djinn trépigna d'impatience.

« C'est le B-A BA de la cryptographie djinnique, expliqua-t-il. Chaque suite de deux chiffres correspond à une lettre et il faut lire les chiffres deux par deux. Si tu écrivais 1 pour *a* et 2 pour *b*, alors Adjib pourrait confondre 12, qui signifie la lettre *l*, avec la combinaison *ab*. »

Irvana écrivit son message : elle y donnait rendez-vous à Adjib au bazar. Le djinn courut expliquer le code au jeune marchand d'huile.

Aussi, le lendemain, dans le tumulte du bazar, Irvana échappa à ses servantes espionnes et rejoignit Adjib qui l'attendait comme convenu. Ils sirupèrent quelques mots doux ; chacun lisait son bonheur dans les yeux de l'autre. Enfin, il arriva ce qui arriva.

Reposée, Irvana rompit le silence, doux de béatitude, pour interroger son tout nouvel amant.

« Comment pourrais-tu persuader mon père, lui demanda-t-elle, de me laisser t'épouser ? J'ai un autre prétendant, Yatagan, le fils d'un vizir de Bagdad, une brute poilue qui rote sa grossièreté. C'est bientôt le concours des prétendants et je tremble qu'il ne le gagne.

– Quel est l'objet du concours, l'interrogea Adjib ?

– Nul ne le sait encore. Le Grand vizir doit le proclamer ce soir au retour de la chasse royale. »

Les deux amants s'étaient à peine séparés que le djinn accourait (car le djinn est tonique**). Il leur indiqua à chacun et en même temps, car il avait le don d'ubiquité, le sujet du concours.

« Comment diminuer la place occupée par les livres de ma bibliothèque », telle était la demande du roi collectionneur.

Des ondes d'espoir traversèrent, entre Irvana et Adjib, les couloirs du palais et les rues de Samarkand. Grâce au code du djinn, ils tenaient la solution du défi.

En réalité, et vous le savez, savant et perspicace lecteur, Adjib n'était pas qu'un petit marchand d'huile. Fils du roi d'Izmir, de la

** Mais à consommer avec modération.

dynastie des Arachides, il avait pris cet humble poste de marchand pour être plus près d'Irvana. Il dépêcha un courrier à son père, qui envoya une nuée de serviteurs jusqu'à la bibliothèque de Chahmazane.

Pendant ce temps, Yatagan ne restait pas inactif : il s'employait à faire copier les livres par des esclaves, en écriture si petite qu'on ne pouvait la lire qu'à travers une topaze taillée. Comme les esclaves ne travaillaient pas assez vite, au gré de Yatagan, les coups de fouets zébraient l'air.

En revanche, Ibliss encourageait les serviteurs d'Adjib en leur promettant des récompenses et en leur apportant des mets parfumés. Une lune se passa. Un serviteur fut dépêché en tapis volant*** vers le roi d'Izmir avec un rouleau de chiffres.

Le jour où les deux candidats devaient proposer leur solution, le messager d'Izmir était de retour avec un paquet enveloppé de soies rutilantes. Le palais était en effervescence. Le roi Chahmazane choisissait son plus bel habit dans sa collection de robes d'apparat chic****, d'habits de Mardin, d'étoffes de Baâlbek, de soieries de Homs, de brocarts de Bagdad, de gazes de Mossoul, de manteaux du Maghreb. Piaffant, il attendait que la salle des bains royaux soit libérée par ses 283 femmes et surtout par sa fille Irvana qui avait l'habitude d'oindre longuement son corps de délicats parfums.

Chahmazane pénétra enfin dans la salle des conférences royales. Adjib était agenouillé devant son cadeau enveloppé, et Yatagan arpentait les couloirs en bavant plus d'écume que les étraves des navires perses qui fendent la mer.

À l'appel de son nom, Adjib ouvrit la soie et une plaque d'or miroita dans la lumière.

« Voici, roi fortuné, le cadeau de mon père, roi d'Izmir, la ville scintillante. Toute ta bibliothèque est contenue dans ce rectangle d'or. »

Yatagan éclata de rire, et les sourcils de Chahmazane se froncèrent.

« Toute la bibliothèque du plus grand monarque de la Terre dans une plaque sans aucune inscription ? », ironisait Yatagan, en vissant l'index de sa main droite contre sa tempe ; en ces temps démonstratifs, ce geste indiquait que l'orateur n'avait plus toute sa raison.

*** À l'orthographe près, qu'un tapis puisse « voler » ne surprenait personne.

**** Désignent aussi, dans certains régimes totalitaires, des habits de notables.

Adjib s'expliqua.

« Mes serviteurs ont associé, affirma Adjib, à chaque lettre de chaque mot de chaque page de chaque livre, un nombre à deux chiffres, comme nous l'avons fait pour correspondre, Irvana et moi... »

À ces mots, le visage d'Irvana prit la teinte des roses d'Ispahan au coucher du Soleil.

« Puis ils ont placé tous ces nombres à la suite, pour faire un très long nombre, continua Adjib, qui commençait par 190113... Ils ont mis un zéro devant et une virgule, soit 0,190113. Ensuite le joaillier de mon père a fabriqué une plaque d'or rectangulaire. Le quotient du plus petit côté au plus grand est ce nombre, qui est ainsi l'équivalent de toute ta bibliothèque. En plein dans la plaque. »

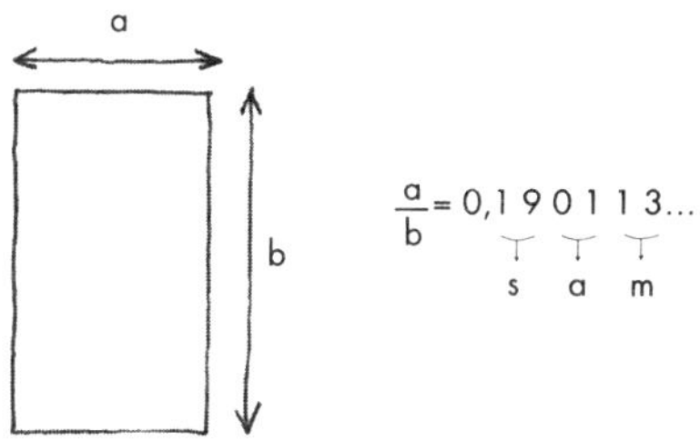

Yatagan était courroucé. Sa solution ne valait rien comparée à celle d'Adjib. Aussi alla-t-il chuchoter à l'oreille du roi qui revint sur sa promesse.

« Il y a une seconde épreuve, Adjib, pour obtenir définitivement la main de ma fille. Qui pourra trouver un nombre qui contient non seulement tous les livres de ma bibliothèque, mais les livres de toutes les bibliothèques du monde, tous les livres à venir, et tous ceux qui pourraient exister ? »

Ibliss calma le courroux d'Irvana, car il avait la solution

*« Nous verrons cette possibilité la prochaine nuit, affirma Chahrazade*****. Aujourd'hui nous avons compris qu'une suite de paire de chiffres représente un message codé. Cette suite de chiffres peut être considérée comme un nombre. Comme il n'y a pas de taille limite à un nombre, on peut représenter, avec une telle suite,*

***** Chahrazade devait toutes les nuits raconter à son amant une histoire suffisamment passionnante sinon elle aurait été exécutée : c'est le premier exemple historique de la fameuse loi *Publish or Perish*.

n'importe quel message. C'est par un système du même type que les lettres sont codées dans les ordinateurs modernes. Le développement des communications a imposé des codages cryptés d'une complication croissante. En mettant un zéro et une virgule devant le nombre obtenu par les serviteurs d'Adjib, on figure ce nombre immense par le quotient de deux longueurs. Séduisant théoriquement, mais de réalisation physique délicate car il est difficile de mesurer une longueur avec plus d'une dizaine de décimales ; sur une longueur d'un mètre il n'y a que 10^{10} *atomes et comme on ne peut couper un atome en deux, on ne peut connaître que 10 décimales, ce qui ne fait que 5 lettres. Toutefois, me direz-vous il est des mots de cinq lettres expressifs.* "Se non e vero, e buen trovato", *résume le sentiment général sur le codage par des moyens physiques, remarqua Chahrazade, qui connaissait ses auteurs italiens. »*

À ce moment de la narration, Chahrazade vit apparaître le matin, et discrète, se tut.

Deuxième nuit

LES PROPRIÉTÉS DE π

« Ne vous énervez pas, père, tout se passera bien. » Irvana tranquillisait le roi Chahzamane, qui ne tenait plus en place. Le roi briguait la présidence de l'Association des Collectionneurs d'Étiquettes de Lokoum et la réunion annuelle de l'association devait se tenir dans un mois à son palais de Samarkand. Il souhaitait bien traiter ses invités pour assurer son élection. Aussi attendait-il son joaillier à qui il voulait commander une série de plateaux pour disposer les étiquettes de ses amis collectionneurs. Irvana s'inquiétait que son père, collectionneur invétéré, ne démarre une collection de tels plateaux. Dès qu'il acquérait un objet, Chahzamane commençait une collection…

Enfin le joaillier pénétra dans la grande salle de la bibliothèque où se tenait le roi. Le roi le fit asseoir, lui offrit du thé au jasmin. Et lui passa commande d'une série de plateaux d'argent cerclés d'or de deux mètres de rayon.

« De quelle surface d'argent auras-tu besoin pour chaque plateau demanda-t-il ? Et de quelle longueur d'or ?

– Pour chaque plateau, j'aurais besoin de π fois quatre mètres carrés d'argent, et de π fois quatre mètres d'or, répondit le joaillier. Car mon djinn géomètre m'a appris que la surface d'un plateau de rayon R est πR^2 et la longueur de la circonférence $2\pi R$.

– Qu'est ce que π, demanda Chahzamane ?

– Un nombre égal à 3,14159…, avec une infinité de décimales. »

La commande était d'importance. Aussi Chahzamane demanda des précisions au joaillier.

« Es-tu certain de tes deux formules ? Comment se fait-il que ce soit le même nombre π qui serve à la fois pour l'aire du plateau et la longueur de sa circonférence ?

– C'est étonnant, mais vrai, répliqua le joaillier. Le plateau d'argent cerclé d'or est un article très demandé, aussi j'ai réfléchi à la question. Et je peux vous montrer que c'est la même valeur de π. Voyez, Sire, ce plateau de démonstration en papier. Je le découpe en secteurs que je réarrange rapidement. Si la longueur de la circonférence est $2\pi R$, la longueur du rectangle* formé par le réarrangement des secteurs constituant la surface est πR multiplié par R, c'est-à-dire πR^2… »

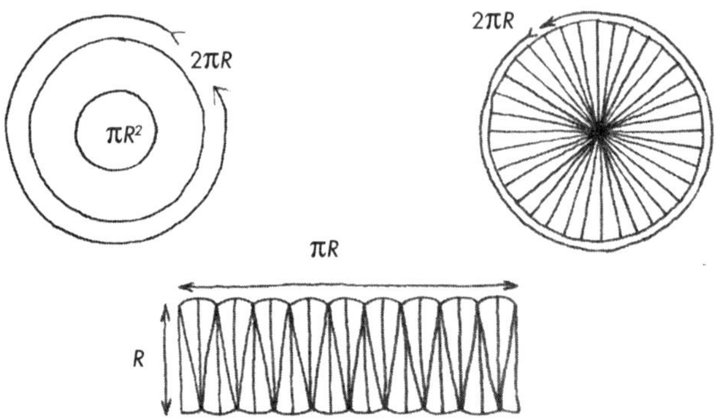

Le joaillier s'échauffait à mesure de sa démonstration. Il était si plein de son sujet qu'il bondissait de part et d'autre de la bibliothèque pour arranger ses secteurs. Il termina dans une apothéose gestuelle.

« Et c'est le même π, Seigneur, avec tout le respect que je vous dois, et les mille pièces d'or que vous allez m'avancer pour mon travail. »

Le roi Chahzamane lui fit verser son acompte, mais il ne l'écoutait déjà plus. Il examinait sa bibliothèque et s'interrogeait tout haut.

« Pourrais-je posséder, se demandait-il, une bibliothèque contenant tous les livres du monde ? Cet animal d'Adjib, dont ma fille s'est entichée, n'a pas répondu à ma question : un nombre peut-il contenir toutes les bibliothèques du monde ?

---

* Ce raisonnement est toujours un peu dangereux car deux courbes arbitrairement voisines peuvent avoir des longueurs très différentes.

– S'il vous répond, demanda Irvana, tiendrez-vous votre promesse ? »

Chahzamane regarda, méfiant, autour de lui et sourit de soulagement : Yatagan n'était pas là.

« Certainement, ma fille. Si la réponse d'Adjib me satisfait, nous célébrerons ton mariage pendant la fête que je compte donner pour les collectionneurs de lokoums... Demande-lui de venir. »

Adjib arriva précipitamment les yeux pleins de flammes.

« Imaginez votre gloire, Sire, d'avoir constitué une bibliothèque qui contient non seulement toutes les bibliothèques du monde, mais tous les ouvrages qui puissent exister. Examinons le problème. Tous les livres ont moins de 1 000 pages de 20 lignes de 100 signes chacune. Le nombre de livres différents est énorme, mais n'est pas infini. S'il était infini vous auriez plus de difficultés à constituer votre bibliothèque. Mais il est fini. Imaginons que vous ayez tous les livres possibles de cette taille ou de taille inférieure. Si un livre était plus gros, on le couperait en deux**.

– Et alors, l'interrompit le roi, comment... ?

– Et alors, Sire, il y aurait dans cette bibliothèque le récit de vos nuits avec toutes vos favorites, le récit de toutes vos nuits futures, l'histoire de vos enfants et de vos petits-enfants, les traductions de tous ces livres en italien, espagnol, vieux français et breton, toutes les œuvres produites par les singes tapant à la machine et essayant de reconstituer les pièces de Shakespeare, le récit de mon mariage avec

** Peut-être y aurait-il une difficulté avec les livres infinis, contenant le type d'histoire suivante, qui boucle indéfiniment :

« C'était par une chaude journée d'août ; les enfants, écrasés de chaleur, se réfugièrent sous un arbre pour profiter de la chaleur de son ombre. Que faire, s'écrièrent-ils ? Il fait trop chaud pour jouer. Léonce leur proposa de leur raconter une histoire : "C'était par une chaude journée d'août ; les enfants, écrasés de chaleur, se réfugièrent sous un arbre pour profiter de la chaleur de son ombre. Que faire..." »

Irvana, le même récit où vous nous donnez en plus mille pièces d'or, tous les livres possibles***...

– Et le récit du mariage d'Irvana avec Yatagan, qui sera réalité si tu ne me dis pas comment, dans un nombre...

– J'y viens, Seigneur. Vous souvenez-vous du codage où l'on remplace les lettres par les chiffres, *a* par 01, *b* par 02, etc. Chaque livre est ainsi transformé en un très grand nombre. Et bien chacun de ces nombres apparaît dans la suite infinie des décimales de π. Ainsi tous les nombres sont contenus dans π.

– Et alors, ajouta Irvana, il suffit de vous acheter une barre d'or fin avec une encoche à π mètres d'une extrémité.

– Les nombres infinis m'effraient, remarqua Chahzamane. Pour calculer cette infinité de décimales, il faudra une infinité de djinns calculateurs. C'est impossible. Cela va très mal pour toi ****, Adjib.

– Il suffit, ô Seigneur, de savoir que π est la longueur de la circonférence d'un plateau d'un mètre de diamètre, le tranquillisa Adjib. Si vous avez le plateau, vous avez π.

– Je vais me le faire fabriquer car il contient tous les livres du monde, dit aussitôt Chahzamane, soulagé. Faites revenir le joaillier.

– Je vais aussi lui parler de ma bague de mariage, affirma Irvana. »

« S'il y a toutes les suites possibles de chiffres dans les décimales du nombre π, il y a toutes les histoires du monde, continua Chahrazade, qui rayonnait d'intérêt. Le nombre π serait ce que les mathématiciens dénomment un nombre universel, ils ne l'ont pas encore absolument prouvé, mais ils en sont convaincus. Cela étant il faut calculer assez de décimales pour voir apparaître cette suite. Actuellement on ne connaît "que" 51 milliards de décimales de π. Toutefois une toute nouvelle méthode permet de calculer les chiffres composant π beaucoup plus vite, le calcul ne dépendant pas de tous les chiffres précédents ; hélas la formule de ces décimales lointaines ne donne π que dans le système binaire et non dans le système décimal. »

À ce moment de la narration, Chahrazade vit apparaître le matin, et, discrète, se tut.

*** Les livres impossibles sont exclus : par exemple aucun livre n'est un iguanodon, bien qu'il existe des livres qui examinent, qui nient et démontrent cette impossibilité et toutes ses variantes...

**** De mâle en π, se plaignait Io, mais son amant l'envoyait paître.

TROISIÈME NUIT

LE RALENTISSEMENT DU TEMPS

Zein, le marchand, sirotait de fraîches boissons parfumées au gingembre et adoucies au miel, quand un vieillard se présenta avec un adolescent qui lui ressemblait beaucoup.

Zein était riche : il commerçait avec les villes lointaines et ses placements dans la grande aventure étaient avisés. Puissant armateur, ses navires sillonnaient la mer océane ; il aimait s'entretenir avec les voyageurs qui le renseignaient sur les goûts des peuples étrangers. Aussi accueillit-il aimablement les deux inconnus.

Il sursauta quand le vieux mendiant prit la parole : « Ce jeune homme est mon père », lui dit-il. À ces mots Zein s'étonna et fit venir ses concubines pour qu'elles entendent l'histoire des deux mendiants.

L'adolescent, nommé Khalibr 13*, continua :

« J'étais, comme vous, marchand à Samarkand, quand notre père, Khalibr 12, m'envoya, en compagnie du djinn Khoka, vendre les habits que nous avions tissés à Bagdad. Le djinn chargea la marchandise sur deux tapis volants, pendant que j'embrassais mon fils, Khalibr 14, qui est aujourd'hui ce vieillard à côté de moi !

* Un drôle de pistolet qui avait de nombreux ascendants répertoriés.

Le premier tapis partit, avec mon fils, directement pour Bagdad ; sur le second nous avons fait un détour vers les étoiles car Khoka est d'humeur vagabonde. Nous avons visité la Voie lactée et ses merveilles, et plus de mille étoiles qui scintillent dans le ciel, les géantes rouges, les naines blanches et les étoiles sombres que l'on nomme trous noirs. Certaines planètes avaient deux soleils, deux jours en un, deux aubes et deux crépuscules.

Et nous fendions l'espace aussi vite que l'éclair, tout près de la vitesse maximale, la vitesse de la lumière. À cette vitesse, ô généreux marchand, le temps semble s'écouler beaucoup plus lentement, jusqu'à presque s'arrêter quand le tapis approche cette rapidité, comme si Allah avait, de par sa volonté, figé les êtres et les choses ! »

Zein avait une concubine, dénommée Zorah, que la nature avait dotée de nombreux attraits physiques et d'une intelligence espiègle.

« Quelle fontaine de jouvence si l'on ne vieillit pas ! S'exclama-t-elle en tapant dans ses mains. J'aimerais appeler Khoka, si vous le permettez, mon bon maître, pour partir avec lui et revenir aussi fraîche et aussi jeune, alors que vous serez encore plus vieux. »

Elle s'arrêta d'un coup, car les sourcils broussailleux du marchand s'étaient dangereusement froncés. Aussi changea-t-elle de sujet.

« Comment mesuriez-vous le temps, si loin de notre Soleil ? Un jour ne signifie plus rien**.

– Avec le sablier non gravitationnel que voici, affirma le vieil adolescent. Ce sablier était utilisé dans les cuisines de mon père pour mesurer la durée de cuisson des œufs mi-mollets au sein des espaces intergalactiques.

– C'est grande merveille, que le sable s'écoule moins vite quand le tapis approche la vitesse de la lumière ! s'exclama Zorah.

– C'est plutôt nous qui voyons leur temps ralentir, remarqua Zein qui avait l'esprit délié. Mais Dieu sait mieux que nous ce qui est caché dans les mystères du monde…

** On sait ce qu'est un jour, mais la durée d'un jour reste énigmatique. La durée du jour a la même longueur que n'importe quel phénomène qui a la même durée qu'un jour, a dit Lewis Caroll. Le temps, je sais ce que c'est jusqu'à ce qu'on me le demande, disait saint Augustin. Que se passerait-il si le temps s'arrêtait un moment dans tout l'Univers ? Nous rendrions-nous compte de quelque chose ? Et si l'on pense que le temps s'écoule uniformément, à quelle vitesse ? On peut aussi s'interroger avec le mathématicien Henri Poincaré (1854-1912) : pourrions-nous observer le doublement de taille de l'Univers ? Si ce doublement n'est pas observable, est-il réel ?

– Nous n'avons retourné le sablier qu'une centaine de fois au cours de notre voyage, pendant que cinquante années s'écoulaient sur Terre, continua Khalibr, comme je m'en rendais compte à mon retour, en voyant mon fils si décati. Si bien que j'étais alors, comme vous le voyez, apparemment plus jeune*** que mon fils ! Mais, pendant ce temps si court, nous avons voyagé et vu des phénomènes astronomiques que je vous raconterai un jour, si vous avez la patience de m'entendre.

– Vous êtes les bienvenus et déjà mes amis, affirma Zein, aussi nous devons vous accueillir selon vos mérites. »

Le marchand leur offrit des habits de fête qu'ils revêtirent après leur bain parfumé. Puis ils goûtèrent les plats délicats sans que leur hôte ne

*** Dans une foule, Khalibr 13 est facilement reconnaissable : il est plus vieux qu'il n'en a l'air.

les importune de questions. Zorah était fascinée par Khalibr et son regard était tout d'imploration muette, mais elle craignait de l'ennuyer et, surtout, Zein la surveillait, avec indulgence, mais fermeté.

Quand ils eurent fini leur repas, Zein reprit la parole.

« Pourquoi, mon enfant, et Zein s'adressait bien sûr, au vieillard, êtes-vous maintenant dans une telle gêne ? »

Zorah conversait si gentiment avec Khalibr 13 que celui-ci ne pouvait parler, aussi ce fut son vieillard de fils, Khalibr 14, qui répondit.

« Hélas, nous avons attendu notre père à Bagdad pendant 50 ans, alors que pour lui seulement quelques mois s'étaient écoulés. Grand fut notre désappointement à tous deux quand nous avons essayé de vendre la marchandise. En un demi-siècle, la mode avait changé, les babouches étaient plus pointues, les voiles plus légers, les broderies d'autres couleurs. Toute la marchandise ne valait plus un dinar. De surcroît, nous avons payé 50 ans de contraventions de stationnement pour le premier tapis. Notre famille était ruinée. »

Zein opinait : il savait les incertitudes du commerce et la dureté des services de police. Ensommeillé par la digestion du festin, il admirait Zorah qui dansait pour Khalibr 13 si vivement qu'elle en avait perdu son tchador****.

« Le calife m'a raconté une histoire plus étonnante encore, ajouta-t-il. Un voyageur, non content de ne pas vieillir avait rajeuni. Je vous la dirai demain, quand vous aurez pris un repos bien mérité. »

Et chacun se retira pour rêver à ces voyages dans le temps, sauf Zorah qui ne savait qui suivre, de Zein ou de Khalibr.

« Le temps s'écoule plus lentement quand on approche la vitesse de la lumière, réfléchit tout haut Chahrazade. Cela a été confirmé expérimentalement sur des particules dont on a vérifié qu'elles se désintègrent plus lentement quand elles vont vite.

Si deux personnes, qui se déplacent l'une par rapport à l'autre et à vitesse constante, pouvaient comparer leur âge, chacune paraîtrait plus jeune à l'autre. Est-ce vraiment étonnant, ajouta Chahrazade en souriant ? Quand deux femmes de même âge se rencontrent, chacune s'estime plus jeune que l'autre !

Tout ce qui a l'air symétrique ne l'est pas, ajouta-t-elle finement : dans les stations balnéaires, les jeunes filles cherchent des maris et les maris cherchent des jeunes filles.

**** Quand le tchador, les Houris dansent.

Autre exemple de fausse symétrie: Darius avait fait à Alexandre des propositions de paix. Un général prudent, Parménion, lui conseilla : "J'accepterais si j'étais Alexandre.
– Moi aussi, si j'étais Parménion, lui répondit Alexandre."
Revenons à la physique, se morigéna Chahrazade : cette symétrie entre les temps, où chacun voit les pendules de l'autre tourner moins vite que la sienne, n'est vraie que si la vitesse relative est constante. Dans notre histoire, le voyageur fait un aller-retour et doit ralentir à un moment donné. Donc il décélère et accélère et les lois de la relativité dite restreinte ne s'appliquent plus : Khalibr 13 est vraiment plus jeune que Khalibr 14. Des expériences de physique ont aussi confirmé ce résultat... »

À ce moment de la narration, Chahrazade vit apparaître le matin, et discrète, se tut.

QUATRIÈME NUIT

LES REMONTÉES DANS LE TEMPS

Djirdjis, fils du roi Euthyme de l'île d'Énos, quitta un jour son île, sur un tapis volant capitonné, accompagné du djinn Khoka light (pour éviter les excédents de poids sur le tapis). Ils se dirigèrent vers le centre de la galaxie où on leur avait indiqué un trou noir turbulent et miraculeux. Ô combien inquiétant était le voisinage d'un trou noir ! Des mirages fantastiques tordaient la lumière, les rayons lumineux tournaient plusieurs fois autour du trou noir et y déchiraient l'horizon : Djirdjis se recroquevillait de terreur et suppliait Khoka light d'arrêter ce tourment. Le djinn obéit et ils abordèrent une planète dont les habitants parlaient l'Achimil, une langue bizarre.

Khoka light pouvait comprendre toutes les langues, et il expliqua à Djirdjis que, sur cette planète, le temps s'écoulait à l'envers. Les habitants, les Sregnarté, naissaient vieillards et mouraient nouveaux-nés, les pendules tournaient à l'envers et les aliments brûlaient avant de cuire. Khoka traduisait les conversations en Achimil à Djirdjis :

« Ces étrangers pensent construire un casino, mais les résultats de la roulette seront connus avant les mises, ce qui nuit au suspense. Il est évident que le projet n'aboutira pas car sinon ils auraient leur casino depuis belle lurette.

– Pourrions-nous leur parler, demanda Djirdjis ?

– Difficile car ils connaissent la fin de la phrase avant le début.

Nous pourrions essayer de converser en palindrome, ces mots et phrases qui se lisent dans les deux sens*.

– Je ne connais pas un tel mot, affirma Djirdjis.

– C'est moi, affirma un Sregnarté appelé Tom.

– Le choix des phrases est limité. "Léon, émir cornu d'un roc rime Noël" leur cria Khoka. »

Les Sregnarté étaient tout « retournés » de cette particularité géologico-sémantique de l'Émir cornu, mais l'absence de suite de la phrase avait précédé leur attente.

« Engage le jeu, que je le gagne, répondit l'un d'entre eux. »

Djirdjis voulut leur obéir, mais Khoka light l'arrêta.

« Ne les approche pas, l'inversion du temps est contagieuse, et tu pourrais revenir dans le passé.

– Serait-il si dangereux de rajeunir, demanda Djirdjis ?

– Inconscient ! Partons vite, et au retour, je te raconterai l'histoire** de Lune-du-Temps, la fille du roi al-Chamandal. »

Le tapis ondula fortement et, dans un soubresaut spatio-temporel, s'éloigna, ce qui ne surprit évidemment pas les Sregnarté qui avaient vu ce départ avant. C'est à l'arrivée qu'ils avaient agité leurs mouchoirs.

« Lune-du-Temps, raconta Khoka light comme il l'avait promis, rendit visite aux Sregnarté pour leur vendre des tableaux anciens, il y a bien longtemps. Elle y aima un de leurs princes qu'elle dénomma Laval ; hélas, le prince vieillit en nourrisson, sénile après l'âge, et Lune-du-temps voulut revenir sur Terre. Elle rempaqueta ses tableaux et réapparut à Bagdad... soixante ans avant sa naissance. Elle avait contracté le retournement du temps : personne ne la connaissait dans le bazar où vivait ses ancêtres. Elle retrouva après de grands efforts la maison familiale, raconta ses aventures, mais son grand-père resta incrédule. Celui-ci exerçait le métier, considéré et rémunérateur, de bourreau du Calife.

* Comme « La malade pédala mal » ou « Tu l'as trop écrasé, César, ce Port-Salut » ou encore un palindrome contenant le mot palindrome : « Eh tel inégal palindrome ne mord ni la plage ni le thé. » Georges Perec a construit un palindrome de 5000 mots, *vade mecum* très utile pour les voyageurs de l'espace. Il commence par « Trace l'inégal palindrome », et vous savez comment il finit... Les Romains connaissaient l'art du palindrome : *Roma tibi subito motibus ibit amor, signifiant,* « À Rome, l'amour, soudain, te viendra par les passions ». Hélas, la traduction d'un palindrome n'est pas un palindrome.

** Une histoire qui n'a pas de sens.

“Tu n’es qu’une courtisane menteuse, affirma-t-il. Tout cela n’est que tromperies et captation d’héritage. Je vais te donner le fouet pour avoir troublé la quiétude d’un honnête fonctionnaire.”

Lune-du-Temps gémissait.

“Mon père, ma mère, que je vous veux de mal de m’avoir donné un grand-père pareil.”

Elle suppliait l’aïeul, lacérant son beau corps de ses ongles.

Détestable, celui-ci restait inflexible.

“Comment, ricanait-il, pourrais-je avoir devant moi une petite fille alors que mon épouse, que le Seigneur la fasse vite féconde, ne m’a pas encore donné de descendant ? J’ai décidé : Lune-du-Temps sera punie, puis vendue à quelque riche marchand.”

Lune-du-Temps ressentait la honte l’envahir, puis la colère, puis des doutes quant à l’hérédité de l’intelligence : elle ne pouvait, pensait-elle, descendre d’un aïeul aussi borné ! Elle se saisit, sur une table, d’un poignard que le bourreau d’aïeul utilisait pour couper les pages***, et le lança vers son grand-père au moment où il arrivait, menaçant, sabre levé. Le poignard le frappa en plein cœur et le tua tout net.

Lune-du-Temps s'empara d'un de ses tableaux pour se protéger des projectiles que lui lançaient les serviteurs et s'enfuit dans la rue.

Elle courut, courut, courut et égara ses poursuivants. Où se réfugier, se demandait-elle ? Ivre de fatigue et d'émotion, après avoir longtemps erré, elle s'endormit sur le seuil d'une maison.

"Quel joli tableau ! s'exclama un jeune homme qui était penché sur elle."

La voix la réveilla et elle rajusta ses vêtements. L'homme était beau et semblait amical. Toutefois, le compliment que Lune-du-Temps avait pris pour le désordre de sa personne s'adressait à la qualité de l'œuvre qu'elle avait posée à côté d'elle.

Ils conversèrent un moment. Lune-du-Temps apprit que son interlocuteur se dénommait Abnous et celui-ci l'invita dans sa demeure. Elle lui raconta son histoire, le voyage dans le temps, son infortune et le meurtre de son grand-père. Abnous était sidéré, compatissant, puis inquiet.

"Je crois ton histoire, affirma-t-il. Mais comment peux-tu vivre après cela ?"

Lune-du-Temps, comme nous l'avons deviné, était de caractère impulsif. Son teint d'ordinaire délicat prit les colorations de la prune violacée que l'on cultive aux bords de la mer Rouge.

"Mon acte était accidentel et justifié, grogna-t-elle, et je n'ai pas de leçon à recevoir d'un barbouilleur..."

Elle allait continuer quand Abnous l'interrompit.

"Mon propos n'est pas un reproche, mais une interrogation logique. Si tu as tué ton grand-père, avant que sa femme n'ait donné naissance à ton père, comment ce dernier pourrait-il naître, grandir, se marier et enfin t'avoir pour fille ? Ton assassinat était un suicide et, en fait, tu n'existes plus...****"

Lune-du-Temps était perplexe, et elle fondit en sanglots. Abnous tentait de consoler son angoisse existentielle, d'abord sans succès, puis très activement et efficacement, comme cela arrive souvent après d'intenses émotions. Ils préparaient l'avenir en se créant un passé doux et caressant.

*** Les pages évoqués ici sont les serviteurs juvéniles du saigneur.

**** Jose Luis Borges résout le paradoxe du temps où un homme revient en arrière dans le temps et rencontre son aïeul en supposant que cette rencontre se passe dans un rêve, où chacun rêve de l'autre.

Quelques instants plus tard, dans le bon sens du temps, pendant que Lune-du-Temps se reposait, il examina le tableau et poussa une exclamation d'étonnement. Vous avez deviné pourquoi, ô auditeur attentif ! Le tableau était de lui. C'était un tableau qu'il n'avait pas encore peint, que Lune-du-Temps devait vendre lors de son voyage et qu'elle avait ainsi emporté du futur. Abnous avait cependant reconnu sa signature, et sa future facture.

Lune-du-Temps se fit expliquer le second émoi d'Abnous. Pratique, elle trouva la solution.

"Tu n'as qu'à copier, ce tableau, lui dit-elle. Il sera doublement de toi et ce sera ton chef d'œuvre.

– Comment pourrais-je faire cela, se défendit Abnous ? Ce serait un plagiat.

– Tout au plus, un plagiat par anticipation, le tranquillisa-t-elle."

Abnous obtempéra, mais s'étonnait : voilà un tableau qui ne nécessitait aucun effort de création ! Il suffisait de le copier sur sa réalisation future. Commode.

Lune-du-Temps et Abnous se plaisaient : ils se marièrent et eurent, quelques années plus tard, un fils qui ressemblait beaucoup à sa mère, et d'après les djinns malicieux, au "fils-père" que la femme du bourreau infâme aurait dû avoir si Lune-du-Temps n'avait tué son mari. Ce fils allait, quelque trente ans plus tard, nous le devinons, avoir une fille, qu'il dénomma Lune-du-Temps. »

« Le paradoxe du voyageur dans le temps qui tue son grand-père et donc ne peut exister, a fasciné les auteurs de science-fiction et les physiciens, raconta Chahrazade. Il est impossible d'envoyer des télégrammes dans le passé, affirmait Einstein, mais il n'avait peut être pas raison : selon certaines théories modernes, le passage au voisinage d'un trou noir permettrait d'inverser le temps. Toutefois, les effets terribles de la gravitation à proximité d'un tel corps céleste interdisent toute application pratique de cette possibilité. Un des problèmes des voyageurs du temps est qu'une fois que vous êtes remonté dans le passé, vous vieillissez avec tout le monde et quand vous avez atteint l'âge où vous remontez dans le passé, vous repartez, et vous recommencez ainsi le cycle... indéfiniment : vous êtes éternel et vous revivez toujours la même chose. »

À ce moment de la narration, Chahrazade vit apparaître le matin, et, discrète, se tut.

Cinquième nuit

LE PRÉSENT DU DJINN

Khalibr et Zorah avaient longtemps voyagé, et leurs chameaux* avaient soif. Combien vaste est le désert aux voyageurs ! Ils furent ravis d'atteindre Izmir la scintillante. Ils arrivaient juste à temps pour l'anniversaire du Sultan à qui ils apportaient un cadeau surprise.

Au palais, la fête avait commencé et le son des cithares portait les parfums embaumés des fleurs du jardin. Khalibr et Zorah se firent annoncer et le Sultan Al-Amine les accueillit avec civilité. Après les salams et les ablutions, le sultan leur fit admirer les présents que lui avaient offerts ses sujets, ses amis, et ceux qui avaient quelque chose à lui demander. Zorah souriait d'indulgence car elle savait que le Sultan, fils d'Hâroun-al-Rachid, était impatient et curieux de connaître le cadeau qu'ils avaient apporté. Elle n'avait pas tort : le Sultan écourta la présentation après leur avoir montré les broderies, les esclaves nubiennes, et un magnifique cheval noir que chevauchait une amazone au torse nu**. Zorah lisait, dans les yeux de Khalibr, la convoitise. Elle supputait que son mari Khalibr aurait voulu, pour le moins, monter le rutilant étalon.

---

* Deux bosses.

** Une bosse. Les amazones s'amputaient pour mieux tendre leur arc.

Les serviteurs posèrent deux coffres, leur présent, à l'entrée de la salle.

L'un, transparent, était de verre serti d'or, l'autre d'ébène incrusté de rubis. Al-Amine, les yeux brillants, se dirigeait pour les ouvrir quand Zorah l'arrêta.

« Il faut que tu prennes une décision, ô Sultan bien aimé, et tu ne peux le faire à la légère. Le contenu des coffres que tu ouvriras est à toi, et tu peux ouvrir, soit les deux coffres, soit celui d'ébène seulement, mais... »

Le Sultan s'arrêta net. Les règles d'utilisation de ses présents l'avaient toujours rendu perplexe. Il se souvenait qu'on lui avait offert des appareils provenant du pays du Soleil levant dont il n'avait jamais pu déchiffrer les modes d'emploi. Il se méfiait des facéties de Zorah et ne se décidait plus à la légère dès qu'il pressentait une difficulté opératoire.

Aussi invita-t-il ses hôtes au banquet du soir. Ils pourront, pensait-il, y expliquer tranquillement les règles du cadeau, en présence de mes vizirs avisés qui me guideront dans mon choix.

Le festin était riche. Et plantureux. Et long. Dès qu'Al-Amine estima que les règles de la courtoisie avaient été respectées et que ses hôtes étaient repus, il interrogea Zorah du regard. Celle-ci comprit que le moment était venu de s'expliquer. Aussi déglutit-elle précipitamment son loukoum à la violette, et expliqua :

« Nous t'avons, ô puissant prince, apporté deux coffres. Dans celui de verre, il y a mille dinars d'or, comme tu peux le voir. Dans le coffre d'ébène, il y a soit un œuf de diamant finement taillé, soit rien. Le diamant a été placé, ou n'a pas été placé, par le djinn Khoka. Il vaut cent fois plus que mille dinars d'or.

– Et le djinn Khoka maîtrise pleinement l'art divinatoire, continua Khalibr. S'il pense que tu choisiras de n'ouvrir que le coffre d'ébène, il y a placé le diamant fabuleux. Si le djinn pense que tu ouvriras les deux coffres, alors le coffre d'ébène est vide. Tu n'as droit qu'à une tentative. »

Le Sultan avait deux vizirs, toujours d'avis opposé. Interrogés par Al-Amine, le premier vizir fut catégorique.

« Tu dois ouvrir le coffre d'ébène seulement, enjoignit-il au Sultan. Si Khoka, malicieux mais bienveillant, a prévu que tu ouvrirais ce coffre, il y a déposé le diamant. S'il pense que tu ouvriras les deux, il n'a rien mis dans le coffre d'ébène, tu n'auras que les mille dinars du coffre de verre. Ouvre le second.

– Bien sûr, acquiesça Al-Amine. C'est ce que je vais faire, j'y suis déterminé. J'ai vu opérer Khoka des centaines de fois et ses prédictions ont toujours été justes. »

Il se dirigeait vers le coffre noir quand le second vizir l'arrêta :

« Pourquoi cette hâte, mon bon maître ? N'oublie pas que tu gardes toute ta liberté d'action. La décision quant au placement du diamant a été prise il y a longtemps : Khoka l'a mis ou ne l'a pas mis dans le coffret d'ébène, mais il ne peut plus rien y faire. Aussi tu as tout intérêt à ouvrir les deux coffres ; si Khoka a mis le diamant dans le coffre d'ébène tu le gagnes et tu as, de toutes façons, les 1 000 dinars du coffre de verre en surplus. »

Le Sultan était perplexe, car il ne savait ni que penser, ni quel conseil suivre. Était-il parfaitement libre de son choix, indépendamment de ce qu'avait prévu Khoka, auquel cas il devait ouvrir les deux coffres ? Ou, au contraire, si Khoka ne se trompait jamais, devait-il ouvrir le coffre d'ébène pour se saisir du diamant ?

Et notre pauvre Sultan allait d'un coffre à l'autre, tel un derviche tourneur, de plus en plus vite, sans pouvoir se décider. Était-ce ce qu'avait voulu Khoka ?

Bien des lunes ont passé sur le palais d'Izmir, et le Sultan hésite toujours : comment pourrait-il se décider ? Il est des cadeaux empoisonnés : *Timeo Danaos et dona ferentes* diront, plus tard dans l'histoire, les Romains des présents grecs, ce que confirmera ultérieurement Jean Buridan, dont l'âne faisait preuve de la même indécision.

« Depuis que le physicien américain Simon Newcomb a posé ce problème en 1960, des centaines d'articles ont traité le sujet, dit Chahrazade. Sans véritablement le résoudre. La quasi-totalité des personnes qui abordent la question ont une opinion tranchée, la moitié sont catégoriquement en faveur d'une solution, la seconde moitié d'une autre. Si vous pensez que vos actions sont complètement déterminées par une puissance supérieure ou par la nature des choses, vous prendrez le coffre d'ébène seulement. Si vous pensez que vous jouissez d'un minimum de libre arbitre, vous prendrez les deux coffres. Le problème se résume à une croyance : pensez-vous qu'une intelligence supérieure sait ce que vous allez faire sans que vous puissiez interférer avec sa connaissance. Les partisans du déterminisme pensent que nous avons autant de liberté qu'une statue... et que la statue a l'immense avantage de ne pas penser.
Pour stigmatiser la stupidité des tenants du déterminisme, le philosophe Jean Buridan (1300-1366 ?), recteur de l'Université de Paris, plaçait un âne affamé et assoiffé à égale distance entre une botte de foin et un seau d'eau. L'âne ne disposant d'aucun élément "déterminant" lui permettant de commencer par l'eau ou par le foin, se laisse dépérir entre les deux. Un minimum de libre arbitre lui aurait fait commencer par l'un ou par l'autre. Nous réexaminerons la question continua Chahrazade, mais je dois mentionner que le philosophe Gottfried Leibnitz (1646-1716) pensait que nous vivions dans le meilleur des mondes possibles et qu'il était impossible de l'améliorer : toute rectification d'une erreur qu'aurait pu commettre le créateur entraînerait des changements pires. Les visions de certains écologistes ne sont pas très éloignées de celles de Leibnitz. »

À ce moment de la narration, Chahrazade vit apparaître le matin et, discrète, se tut.

Sixième nuit

LA LONGUE MARCHE

Les explorateurs étaient harnachés. Ils s'étaient rendus dans la clairière d'où partaient tous les chemins ; l'un d'eux menait au Château radieux où vivait la princesse Gotha, mais ils ne savaient lequel. La princesse n'appréciait guère d'être condamnée à résider dans une bibliothèque, aussi riche soit-elle de magnifiques ouvrages*, jusqu'à ce qu'un fils de roi lui rende visite. Le plus beau livre était le livre de la sagesse écrit par le subtil Pareto. Chahmazane le roi collectionneur voulait s'en procurer une copie. Aussi la troupe des explorateurs était-elle composée de scribes, de mathématiciens, de philosophes, du logicien Giaffar, et du fils de Chahmazane, Soleil de printemps.

Le djinn Ibliss les accompagnait, car il connaissait la répartition de la longueur des chemins. L'un d'entre eux, d'une longueur épuisante au marcheur, menait jusqu'à la lointaine frontière du royaume : ceux qui l'empruntaient ne revenaient pas. Parmi les autres, certains étaient courts, d'autres de longueur moyenne, d'autres longs. La forêt était dense et l'on ne distinguait pas la longueur du chemin que l'on empruntait. Quand on avait la chance d'avoir pris un bon

* Selon le bibliophile Joël Martin, on y empilait les incunables.

chemin, on ne distinguait le château qu'à quelques centaines de mètres de son portail ouvragé.

Quel chemin choisir, s'interrogeaient les explorateurs et les bibliophiles ?

« Prenons n'importe quelle route, conseilla Giaffar, et voyons où elle mène**. »

Les deux premiers essais furent infructueux et les explorateurs étaient désappointés : les deux premiers chemins étaient des boucles qui ramenaient au point de départ, la clairière. Ils s'aventurèrent sur un nouveau sentier après s'être réapprovisionné en eau, vivres et courage.

« Nous marchons depuis longtemps, remarqua Soleil de printemps. Nous devrions bientôt trouver le Château radieux.

– Peu probable, lui répondit Giaffar.

– Et pourquoi cela, Monsieur, si nous avons beaucoup marché, il est probable que nous sommes près de la fin, s'étonna Soleil de printemps.

– Hélas non, gémit Giaffar. Si nous avons marché longtemps, cela signifie aussi que nous ne sommes pas sur l'un des trajets courts dont nous aurions déjà vu le bout, mais sur un des sentiers très longs. Plus nous avons marché, plus en moyenne, il nous reste de chemin à faire...

– Exact, soupira Ibliss. La répartition particulière des longueurs des chemins à notre disposition est l'œuvre du mathématicien Pareto dont nous voulons récupérer l'ouvrage. Elle est telle que si vous avez marché pendant trois jours, il vous reste, en moyenne, cinq fois autant de chemin à parcourir...

– La longueur moyenne des chemins qui sont plus longs que le trajet que vous avez déjà fait est proportionnelle à la longueur déjà parcourue... confirma Giaffar. »

Les philosophes s'épongeaient et certains, peu habitués aux efforts physiques, se massaient les reins sur le petit sentier***.

« Revenons sur nos pas, s'exclamèrent les porteurs, nous avons trop marché et donc le chemin doit être très long. Si nous continuons, la longueur du chemin probable va encore augmenter et nous serons à court de provisions.

** Un intellectuel assis progresse moins qu'un imbécile qui marche, pensait Michel Audiard. C'est le principe d'indifférence : quand on ne sait quoi faire, il faut choisir au hasard et surtout... agir.

*** En particulier notre bibliophile cité plus haut.

– Voire, s'exclama Soleil de printemps. Peut-être sommes-nous déjà sur le chemin de retour si nous parcourons une boucle. »

La clameur des éclaireurs les fit taire : ils venaient d'apercevoir les tours dentelées du Château radieux, leur incertitude était à son terme.

La vaste salle du Château radieux était toujours préparée pour accueillir les visiteurs, trop rares au goût de la princesse Gotha. Ils purent se restaurer et reposer leurs membres fatigués par leur longue marche. Pendant qu'ils récupéraient de leurs émotions, les scribes copiaient le manuscrit et Gotha buvait les paroles de Soleil de printemps qui lui décrivait les hésitations de leur voyage.

« La prévision la plus logique était la plus mauvaise, mon cher Soleil : c'est au moment où vous aviez toute raison de rebrousser chemin, car la longueur du chemin probable à parcourir était la plus grande, que vous avez vu notre château.

– Ainsi est la vie, remarqua Giaffar. Il est beaucoup de situations semblables. »

« La morale, en ce qui concerne les marcheurs, est qu'il faut persévérer, et que le dernier quart d'heure est le plus pénible. Le mathématicien français Benoît Mandelbrot m'a raconté cette histoire, dit Chahrazade, et indiqué son universalité. La loi de répartition des chemins, une loi de Pareto, apparaît aussi dans la répartition des revenus. Plus vous gagnez d'argent, plus l'écart entre votre revenu

et la moyenne de ceux qui gagnent plus que vous est important. Décourageante situation pour les envieux! La répartition des cours de la Bourse suit la même loi de Pareto: c'est quand on est dans une phase où on a le plus de chance de gagner de l'argent avec une valeur qui n'a cessé de monter, qu'elle chute soudain...»

À ce moment de la narration, Chahrazade vit apparaître le matin, et discrète, se tut.

Septième nuit

LES TRANSFORMATIONS DU MONDE

Irvana était heureuse, bien sûr. Comment aurait-il pu en être autrement ? Ses serviteurs étaient fidèles, son mari juste et généreux, sa richesse solide, et le roi Chahzamane, son père, plus truculent collectionneur que jamais. Hélas, la satisfaction amène de l'ennui : on ne peut plus désirer ce que l'on possède déjà, pensait Irvana. Un désir comblé est une perte. De nature romantique, elle aspirait à... l'insatisfaction des désirs non comblés. Alanguie et l'esprit embué par le paradoxe, elle caressait d'une main distraite les deux jeunes chiens qui jouaient près de sa couche.

Le djinn Ibliss apparut dans un éclair mauve.

« Je sais à quoi tu penses, s'écria-t-il avec malice. Tu te demandes si ce chien pourrait se transformer en prince charmant ? »

Irvana rougit : le djinn pouvait lire dans sa pensée. Il pouvait, se disait-elle inquiète, y lire des désirs autrement compromettants. Elle protesta :

« Je ne souhaite pas transformer ce chien, je me demande si cela est possible ! Tu as lu comme moi, impertinent Ibliss, les histoires de chiens qui se transformaient en dragons, de grenouilles qui devenaient de belles princesses dans le lit des princes*.

---

* Les crapauds embrassés par les jeunes filles courageuses se transformaient en prince charmant. Selon le principe de Murphy, il faut embrasser beaucoup trop de crapauds pour en transformer un en prince, et la tradition s'est perdue.

– C'est surtout ce que les princes racontent à leur épouse quand ils sont surpris, sourit Ibliss. Les animaux se transforment, mais pas si vite, et pas comme cela. »

Irvana était intéressée.

« Parce qu'ils se transforment, demanda-t-elle ?

– Et oui. Tu ressembles à ton père, ma chère Irvana, sauf pour ce qui est du gros nez poilu. Chacun ressemble à ses parents, mais, de temps en temps, une petite différence** apparaît. Ces minuscules transformations s'accumulent pour donner des espèces nouvelles, quand elles favorisent la survie de l'individu. Le chien et toi avez le même ancêtre, qui vivait il y a longtemps, il y a plus de cent millions d'années, poursuivit Ibliss.

– Je voudrais bien voir cela, je ne suis pas de la famille de ce sale cabot. »

Et elle lui donna une petite tape sur le nez. L'animal émit un jappement et, croyant à un jeu, mordilla sa maîtresse***. Deux gouttes de sang perlèrent sur la peau diaphane d'Irvana.

D'un souffle léger, Ibliss guérit la blessure et, d'un froncement de sourcil, chassa les chiens.

« Si tu veux, Irvana, partons pour un voyage, remontons le temps, et voyons comment les animaux ont évolué.

– Pas les chiens. Je ne m'intéresse qu'à mes ancêtres, remarqua Irvana.

– Tous les mammifères ont les mêmes ascendants, belle Irvana. »

Un rictus boudeur déforma les lèvres pulpeuses d'Irvana. Elle regrettait, en dépit d'appâts dont elle tirait le plus grand avantage, son appartenance aux mammifères.

Elle aurait voulu mettre la question sur le tapis, mais celui-ci survolait déjà le monde tel qu'il était il y a une centaine de millions d'années.

Dans les savanes aux fougères géantes se pavanaient lentement les dinosaures. Nos deux voyageurs observaient ce qui sera plus tard la Mongolie, et Ibliss admirait les Protoceratops couvant leurs œufs.

« Les dinosaures sont ovipares, expliqua Ibliss, les parents transmettent la vie par les œufs, voila pourquoi ce ne sont pas nos

---

** Tous les gens sont différents, et, en cette caractéristique, ils sont tous semblables.

*** On est toujours trahi par les chiens.

ancêtres, parce que nous sommes vivipares. Regarde comme les parents Protoceratops sont touchants : ils apportent de la nourriture à leurs enfants frais éclos.»

Irvana éprouvait peu d'attirance.

« Sont-ils gros, grands et hideux s'exclama-t-elle ! Ils sont tous si également laids que je me demande comment ils peuvent se reconnaître… et s'aimer, ajouta-t-elle.

– Je suis certain qu'il s'en trouve d'attirants pour leurs congénères, sinon ils ne se reproduiraient pas, nota Ibliss. Vois-tu là, sur le sol, courir le Cimoleste**** ?

– Cette espèce de petit rat ventru ?

– C'est, belle Irvana, ton ancêtre direct, un des premiers mammifères. »

Irvana fit la moue. Elle lissa sa robe avec satisfaction et Ibliss lut dans son regard qu'elle pensait que les mammifères avaient esthétiquement progressé. Elle s'exclama :

« Le gros dégoûtant ! Regarde ce Tyrannosaure : il vient d'engloutir le Cimoleste…

– C'est le plus grand, on l'appelle *Tyrannosaurus rex*. Il est carnivore.

**** Un alexandrin blanc !

– Il n'en est que plus répugnant. Partons. »

Ils suivirent le déroulement normal du temps, mais en accéléré, et arrivèrent à 66 millions d'années avant le présent. La Terre était alors en piteux état. Les volcans crachaient leurs flammes sans interruption, une météorite avait secoué la croûte terrestre, les cendres obscurcissaient l'atmosphère : il faisait très froid. L'herbe était rare et, avec l'accélération du temps, nos deux héros voyaient les dinosaures disparaître de la faune. Ces animaux ne pouvaient survivre dans des conditions aussi rigoureuses.

« Bon vent les dinos, s'écria Irvana, on ne vous regrettera pas. Disparaissez à jamais !

– Les dinosaures existent encore parmi nous, objecta Ibliss, ce sont les oiseaux. L'oiseau Roc, qui te transporte lors de tes fugues, est un descendant des dinosaures. »

Irvana pâlit : Ibliss était au courant de tout. Aussi changea-t-elle de sujet :

« Je ne reconnais pas notre bonne ville de Samarkand, je ne vois même pas l'Inde !

– Le monde, qui s'étend bien loin au-delà des monts Qaf*****, a bien changé depuis cette époque, et l'Inde était, il y a 60 millions d'années, encore proche de l'Afrique. Nous verrons cela un autre jour. Vois-tu, là bas l'Australie, qui se détache lentement de l'Antarctique ?

– Là, les dinosaures se portent mieux, hélas… »

La commisération n'était pas la qualité première d'Irvana.

Ils furent frôlés par l'aile puissante d'un Ptérosaure au vol lourd pendant qu'ils s'approchaient d'un Hypsilophodontidé qui les regardait de ses immenses yeux globulaires******.

« Dans cette partie du monde, les animaux se sont habitués au froid et à l'obscurité des longues nuits polaires. C'est pour cela que les Hypsilophodontidés ont de grands yeux. Ainsi résistent-ils mieux aux ténèbres dues aux poussières qui masquent le Soleil. Mais ces

***** Note culturelle : les limites supposées de la Terre à l'époque.

****** Les naturalistes finalistes ne s'étonneront pas qu'il ait des trous dans la peau juste en face des yeux. Le finalisme se teintait d'anthropomorphisme : Bernardin de Saint-Pierre aurait expliqué que la Nature avait donné aux puces le goût des surfaces blanches, pour que nous puissions les découvrir plus facilement quand nous leur faisons la chasse.

derniers dinosaures sont en sursis : dans quelques millions d'années ils auront, eux aussi, disparu.

– Et nous autres mammifères, allons les remplacer, remarqua Irvana, versatile et fiéraude.

– Exactement. Vous autres mammifères, allez prospérer et vous multiplier dans les dizaines de millions d'années qui suivent l'extinction des dinosaures. Néanmoins les rongeurs et les insectivores prospérèrent plus, en termes de diversité d'espèces, que les primates, ta famille, ajouta ce moqueur d'Ibliss. »

Irvana interrogea le djinn :

« Et quels étaient les ancêtres des djinns, mon bon Ibliss ? »

Ibliss rougit de plaisir. Irvana s'intéressait à sa petite personne et à son ascendance.

« Nos ancêtres sont les esprits dont les premiers hommes imploraient l'aide, les esprits de la chasse et de la pêche. Nous existons dans les cerveaux des hommes. Nos avatars, nombreux, sont les elfes et les korrigans de la lande celtique, les dragons de l'Empire du milieu, les manitous invoqués par les Indiens d'Amérique, les experts financiers qui, dans le monde capitaliste, prétendent prévoir les cours de l'économie.

– Les hommes croient que vous savez ce qu'ils ignorent, c'est cela votre adaptation favorable, s'écria Irvana. Ainsi, vous êtes éternels !

– Du moins dans l'esprit des hommes, ajouta modestement Ibliss. »

À mesure que le tapis se rapprochait du temps présent, Irvana voyait l'évolution animale et végétale, mais elle n'en discernait ni la cause, ni le mécanisme. Elle allait interroger Ibliss quand le tapis se posa dans la cour du palais. Là, les chiens lui firent fête et Adjib exprima sa joie de la revoir.

« J'ai une formidable histoire de chasse », lui dit-il, tout excité, en dévoilant des blocs de pierre.

« Ma flèche a raté le sanglier et a frappé le rocher, où j'ai découvert ces empreintes d'os. Quel animal fabuleux ! Qu'en penses-tu Irvana ?

– *Tyrannosaurus rex,* répliqua-t-elle, péremptoire. »

« L'ancêtre commun à Irvana et aux dinosaures vivait il y a 300 millions d'années environ : c'était un reptile qui ressemblerait à un lézard actuel, confirma Chahrazade. Les mammifères sont apparus à la fin de la période dénommée Trias, il y 220 millions d'années. Ils étaient si

nombreux qu'ils ont laissé un grand nombre de fossiles et qu'ils servent aujourd'hui de fossile stratigraphique : leur présence permet de dater les couches de sédiments. Les mammifères se distinguent des reptiles mammaliens par la réunification de la mâchoire en un os unique, et l'apparition de deux osselets de l'oreille. Ainsi les mammifères ont longtemps cohabité avec les dinosaures, et il est avéré que leur explosion a coïncidé avec la disparition de ces derniers.
Hélas une coïncidence n'indique pas toujours une relation de cause à effet : un statisticien avait remarqué qu'après guerre la croissance de la population alsacienne coïncidait avec l'augmentation du nombre des cigognes. Une légende semblait ainsi accréditée. En réalité, il s'agit souvent d'une cause en amont qui amène les deux phénomènes : en Alsace, le retour des maris et du bien-être économique. On peut agir sur la cause commune pour modifier ses conséquences, mais il est inutile d'agir sur un des phénomènes corrélés pour modifier l'autre. Ce ne sont pas les cigognes qui apportent les nouveau-nés... »

À ce moment de la narration, Chahrazade vit apparaitre le matin, et discrète, se tut.

Huitième nuit

LA DÉCOUVERTE DU PREMIER OISEAU

Le palais bruissait de paléontologues. Le roi Chahzamane s'était évidemment intéressé à la découverte d'Adjib et avait dépêché des archers sur tout son vaste territoire. Ses soldats tiraient des flèches dans toutes les directions et, comme l'avait fait Adjib, découvraient quelquefois des restes fossiles qu'ils rapportaient au palais. Le roi avait commencé une nouvelle collection. Certaines traces sur la roche ne ressemblaient à aucun animal connu, mais elles représentaient, sans doute possible, les animaux qu'avaient observé Irvana et Ibliss lors de leur voyage.

« N'est-il pas étonnant que certains animaux aient disparu ? s'interrogeait le grand chambellan.

– Tout aussi étonnant que d'autres soient apparus, remarqua Adjib.

– L'un ne va pas sans l'autre, ricana un paléontologue évolutionniste. »

Un grand remue-ménage et des éclats de voix interrompirent leur philosophie. Une cohorte bigarrée déboucha devant l'assemblée abasourdie. Un nouveau fossile avait été découvert ! L'Émir de la province où avait eu lieu la découverte marchait pompeusement devant, le paysan Abnoûs suivait en s'accrochant à la toile enveloppant la roche, et le paléontologue Barhâme, apoplectique de contentement et d'excitation, allait de l'un à l'autre pour expliquer ses théories.

« Préparez mon habit de fête avec ses chamarrures, je vais avoir le prix de Stockholm, hurlait-il, j'ai découvert le premier ancien oiseau. »

Chahzamane leur fit servir des rafraîchissements et quelques friandises. Quand le calme fut revenu dans le palais, ils déballèrent l'objet.

« Voyez-vous sur ce fossile de reptile volant, dit Barhâme, les traces de plumes autour des pattes ? C'est bien un oiseau. Un très vieil oiseau.

– Comment sais-tu qu'il est ancien, interrogea Chahzamane ?

– D'après l'endroit où je l'ai trouvé, affirma Barhâme. Dans cette roche calcaire très ancienne, qui s'est déposée il y a une centaine de millions d'années. Quelle découverte ! À moi les honneurs, la gloire, le Nobel, l'Académie, les rubans, les mécénats industriels. Ma vieillesse sera heureuse car le riche gendre que convoitait ma fille va accepter de l'épouser…

– Le terrain est sous ma juridiction, l'interrompit l'Émir, le fossile est à moi. Je vais créer un musée auquel je donnerai mon nom. Un peu de gloire aidera ma famille, car je dois marier ma fille…

– C'est mon rocher, glapit Abnoûs, je ne vous l'ai pas donné. J'ai l'intention de le vendre très cher, ô roi juste et ami du pauvre. J'ai des frais de gestion qui augmentent, et il me faudra bientôt marier ma fille. »

Le problème juridique était délicat. Chahzamane n'était pas loin de penser que le fossile lui appartenait tout naturellement. Diplomate, il changea de sujet.

« La science d'abord, intima-t-il à ses sujets ergoteurs. Explique-nous, savant Barhâme*, l'histoire de l'oiseau.

– De mon oiseau, rectifia Abnoûs.

– Durant le trajet jusqu'à votre palais, sire, et en dépit des criailleries de ce rustre, j'ai reconstitué l'histoire de l'animal que nous appellerons Archéoptéryx. L'oiseau était un cousin d'un petit dinosaure coureur, Compsognathus, dont vous avez un fossile dans la deuxième salle de votre palais. Archéoptéryx était un bon coureur qui montait aux arbres : l'aspect griffu de sa patte indique son apti-

* Célèbre paléontologue qui avait prouvé que les pattes des dinosaures avaient juste la bonne longueur pour atteindre le sol.

tude à s'agripper aux branches. Arrivé au faîte des arbres il s'élançait en vol plané, aidé de quelques battements d'ailes, vers le sol. D'où l'avantage d'avoir des plumes. »

L'astrologue du palais intervint. Il regrettait de ne plus être le seul savant écouté. La peste des paléontologues vedettes, maugréait-il. Il manifesta son scepticisme et sa rancœur.

« Ces cuistres vous trompent, déclara-t-il au roi. Ils ont collé une plume sur un fossile quelconque pour se rendre intéressants. C'est un faux !

– La jalousie vous égare, affirma Barhâme. L'évidence scientifique est là, et coller une plume serait trop délicat pour égarer les paléontologues distingués. Cela fait trop longtemps que j'attends la preuve d'une plume** pour que je sois trompé. »

Chahzamane s'irritait des discussions stériles. Son astrologue, pensait-il, s'intéressait plus à sa conception du monde qu'à l'évidence scientifique.

« Comment ces plumes sont-elle apparues, demanda-t-il à Barhâme ?

– Ce sont des transformations des écailles des reptiles. Comme vous le savez, noble commandeur des croyants, des erreurs apparaissent

** La plume de l'attente.

quelquefois lors de la reproduction des animaux. Quand ces erreurs apportent un avantage à leurs possesseurs, ceux-ci échappent aux prédateurs. De plus, ils se nourrissent mieux. Aussi se reproduisent-ils plus abondamment et plus forts, leur lignée se perpétue***.

– Tout de même, la transformation de l'écaille en plume est un gros changement, remarqua l'astrologue. La finalité d'une telle transformation est difficile à imaginer, même s'il est possible que les plumes, avant que les animaux ne volent, aient servi à préserver leur chaleur. »

Irvana assistait, passionnée, à la conversation. Elle reconstruisait son voyage à travers le temps durant lequel elle avait vu tant d'animaux fabuleux. Un point la tracassait.

« Et pourquoi la lignée des dinosaures s'est-elle éteinte ?

– Parce que l'environnement a changé et qu'ils n'ont pas eu le temps de s'adapter, intervint Ibliss. En revanche, les petits mammifères se sont diversifiés et ont prospéré, pour donner finalement ce merveilleux résultat de l'évolution, cette merveille de la Nature, Irvana. »

Devinez qui était ravie ? Et fière ! L'astrologue lui gâta sa joie.

« Et pourquoi l'environnement a-t-il changé ? demanda-t-il.

– Sur ce sujet, la lutte entre scientifiques est âpre. C'est tout juste s'ils n'en viennent pas aux mains. Certains pensent qu'une météorite a frappé la Terre et que le choc a entraîné d'énormes incendies et de formidables nuages de poussières. D'autres éminents chercheurs sont tout aussi affirmatifs : c'est une gigantesque éruption volcanique, disent-ils, qui a envoyé des nuages de cendres dans l'atmosphère.

– Et chacun, preuves à l'appui, maintient sa vérité, affirma Ibliss. Mais je connais la vraie cause car je l'ai vue en remontant le temps. En fait, c'est… »

Un tonnerre se fit entendre et Damrivate, le chef des djinns, apparut.

« Reste silencieux, bavard Ibliss, les hommes devront percer tout seuls ce mystère. »

*** La loi du plus fort est un argument pour maintenir le statut social des nantis. Mais quel plus fort ? Les universitaires pensent que leur position prestigieuse est justifiée par leur intelligence supérieure, les riches propriétaires qu'ils ont un sens aigu du commerce, etc. Tous confondent conjoncture favorable et compétence supérieure.

« Au milieu du XIXe *siècle, le naturaliste Charles Darwin expliquera comment se développent les espèces, nota Chahrazade. Selon Darwin, le mieux adapté survit. Quelle est alors la définition du plus adapté ? Ce n'est ni le plus fort, ni le plus intelligent, car, du moins chez les humains, la faiblesse et la stupidité règnent partout en maîtresses. Le mieux adapté serait une caractéristique des gens qui survivent. Alors le darwinisme se résumerait à ce que le plus apte à survivre soit celui qui survit, a dit Charles Fort. L'examen des mutations de l'ADN et de ses effets sur les fonctions des organismes a permis de sortir de ce cercle vicieux. »*

À ce moment de la narration, Chahrazade vit apparaître le matin, et discrète, se tut.

Neuvième nuit

LA DERNIÈRE DES DERNIÈRES

Tout était prêt pour la représentation, une bouffonnerie en plusieurs chants intitulée : *La dernière des dinosaures.* La cour était groupée autour du roi, qui avait annexé deux sièges pour lui tout seul. Les autres membres de la cour étaient assis sur des gradins* inconfortables, comme il est malheureusement de règle dans les spectacles culturels. Les saynètes scientifiques étaient rares à la cour, et l'assistance attendait, pantelante.

Enfin les acteurs récitants firent leur entrée. L'actrice jouant la dino avait un costume vert d'eau pailleté d'or du plus beau moulant.

La dino
J'suis la dernière des dinosaures,
Car celui que mon cœur adore,
S'en est allé dans l'au-delà,
Avant de m'faire un p'tit. Voilà.

* Seul le gradin dauphinois est un régal.

Chœur des vierges (air de *La reine Pomaré*)
La dino, la diva, la dino ouah, ouah.
Tagadi gadou pan pan la riflette !...

La dino
J'ai vu tous mes enfants périr,
Et ma tribu se dégarnir.
Ma chère espèce est menacée,
Faudrait que j'trouve à copuler.

Chœur des juristes-écolos
Que c'la lui serve de leçon,
Tout être en voie d'disparition,
Doit obtenir dédommagement,
Et demander un règlement.

Les crocodiles
Nous sommes les crocodiliens,
*Qui survivent dans c'temps d'pré-chien***
Viens t'reproduire, belle dino,
*Nous t'aimons bien, tu as l'sang chaud****.

La dino
Mais je n'aime pas les crocodiles,
D'écailles puantes, d'haleine fétide,
Ils me répugnent, ils sont trop laids,
Et bêtes en plus, ces gros benêts.

Les crocodiles
Nous survivrons dans le tertiaire,
Nous vivrions même en enfer,
Et notre espèce continuera,
Alors que tu disparaîtras.

** Le chien, un mammifère, n'était pas contemporain des dinosaures.

*** La température du sang des dinosaures est objet de controverses.

La dino
Touchez même pas ma carapace,
À votre vue mon cœur se glace,
Je ne suis pas votre Scarlett,
Et j'veux mon tyrannosaur' Rhett.

Chœur des vierges
Il était grand, il était beau,
Il sentait bon le sable chaud,
Et elle l'avait bien dans la peau,
L'tyrannosaure…

La dino
Pourquoi aimerais-je l'alligator,
Je ne suis pas une verbivore,
Et ne conjugue pas l'verbe aimer,
Pour l'seul plaisir de procréer.

Les crocodiles dévorés d'inquiétude
Le météore, il fond sur elle,
C'est bien fini, la bagatelle,
Nous partageons son triste sort,
Nous n'aurons pas de crocosaures.

Sur cette chute, le spectacle se termina.

« Intéressantes ces saynètes paléontologico-historiques, remarqua Chahmazane, et quel message social ! J'ai apprécié la jeune première, La dino. Je ne comprends pas que les crocodiles ne l'aiment pas. Leur cerveau reptilien serait-il insensible à l'esprit des formes ?

– Une cabotine, une traînée des théâtres de province, s'écrièrent ensemble Irvana et Laab.

– Et les crocodiles qui veulent préserver l'espèce des dinosaures, poursuivit le paléontologue ! Que d'invraisemblances ! Ils sont d'espèces différentes, donc ne peuvent avoir de descendants viables. Leur copulation n'aurait servi à rien.

– En fin de compte, pourquoi les dinosaures ont-ils disparu, s'enquit Laab ?

– Parce qu'ils étaient trop gros, trop grands, trop bêtes, affirma Irvana.

– Mais non, encore une erreur, bondit le paléontologue. Une espèce ne disparaît pas toute seule. Au contraire, elle ne cesse de s'améliorer avec le temps. Une espèce s'éteint quand les conditions extérieures changent, et que les animaux qui la constituent ne peuvent s'adapter à un nouvel environnement.

– Alors pourquoi les crocodiles ont-ils survécu, et comment pouvaient-ils se nourrir, demanda Zéphyr de l'adolescence ?

– Nul ne le sait. Sur ce point la paléontologie est muette. »

La jeune actrice qui jouait la dino vint présenter ses respects au roi. Elle se dégagea de la horde d'admirateurs et minauda quelques compliments appuyés au roi qui la regardait d'un œil concupiscent.

« Dieu qu'elle est bête ! C'est insupportable, murmura Laab. Hélas, les vieux crocodiles aiment la chair fraîche. Notre bon roi voudrait-il, par ses activités reproductrices, sauver l'espèce des dinosaures ? »

« Les crocodiliens appartiennent à la sous-classe des reptiles, les Archosauriens, énonça Chahrazade. Les dinosaures et les ptérosaures (reptiles volants) appartiennent aussi à cette classe. Ces reptiles sont apparus il y a deux cents millions d'années. Les fossiles des crocodiles sont abondants et ce furent les premiers fossiles étudiés par les paléontologues. Les gavials et les alligators étaient très abondants en Europe, il y a 20 millions d'années et disparurent il y a 5 millions d'années, car le climat de l'Europe était devenu beaucoup plus froid et sec. Aujourd'hui les crocodiliens sont menacés par l'homme qui les chasse pour leur peau. Il faudra choisir entre les sacs à mains et les derniers représentants des reptiles archosauriens… »

À ce moment de la narration, Chahrazade vit apparaître le matin, et discrète, se tut.

DIXIÈME NUIT

LES JEUX DE L'AMOUR

Zéphyr de l'adolescence était d'humeur boudeuse. Sa mère Irvana l'avait habillée de soie et de brocart car le puissant Haroun al-Rachid, sultan de tous les sultans, leur rendait visite. Zéphyr devait faire sa révérence et réciter une petite poésie à la fin du repas. Qui traînait. La perspective de la récitation l'amenait aux bords des larmes.

« Toutes les poésies sont pareilles, marmonnait-elle. Toujours les mêmes récits de rois qui aiment les princesses, lesquelles finissent par aimer les princes. Les différentes variantes vers l'abandon final de la femelle, mon professeur appelle cela une étude psychologique. Un bien grand mot. Et en plus mon histoire, dans ma poésie, elle est encore plus embrouillée que d'habitude. »

Il est vrai que les répétitions avaient été interminables et Irvana particulièrement tyrannique dans ses conseils. Elle avait été jusqu'à intimer à sa fille d'être plus spontanée*. Les djinns de la patience n'avaient pas soufflé sur le berceau de notre Zéph. Elle était souvent colère, et, par éclair, fine critique.

Le jour de gloire était arrivé. Sa mère la fit appeler. De la porte, Zéphyr ouvrit le battant** d'une poussée du pied rageuse. Avec sa robe elle marchait comme un canard, et son salam fut assez gauche.

---

* La spontanéité ne s'improvise pas.

** Le cœur de même.

Sur un signe bienveillant de l'Émir des croyants, elle exécuta sa poésie d'une traite.

Le prince Cédakor aime Âme savoureuse,
Mais la charmante enfant a un autre désir,
Elle brûle pour Abou'l de grande ardeur fiévreuse,
Lequel est insensible à ses nombreux soupirs.
*Hélas, hélas, hélas. (bis)****
*Car Il voudrait séduire, la jolie Rimamour*****,*
Qui vit très pauvrement car elle refuse l'or
Que lui propose Aboul. La belle aime d'amour,
Vous l'avez deviné, le prince Cédakor.
Hélas, hélas, hélas. (bis)

Un peu essoufflée, elle s'arrêta brusquement, le cerveau vidé par cette chaîne d'amours déçus. Elle estimait son devoir accompli. Elle allait s'esquiver quand, Haroun al-Rachid, aimable et souriant, la félicita et la fit approcher. Elle se dandina vers lui.

« Que penses-tu de cette histoire ? lui demanda-t-il.

– Ma mère l'apprécie ; moi je la trouve imbécile. La solution est claire : ils n'ont qu'à vivre tous ensemble. Et en plus, comme d'habitude, cela finit bien. De l'eau tiède.

– Comment cela, cela finit bien ? interrogea l'Émir, assieds-toi pour me l'expliquer. »

Avec sa robe empesée, elle eut quelques difficultés. Elle raconta rapidement.

« Les amis des amis sont des amis. Si Cédakor aime Âme savoureuse, laquelle aime Abou'l, Cédakor aime Abou'l. Comme Abou'l aime Rimamour, Cédakor qui aime Abou'l, aime Rimamour, et comme elle l'aime aussi, tout se finit bien. Ils vont se marier. Et hop. Et c'est vrai pour les trois autres aussi, car le raisonnement est circulaire. »

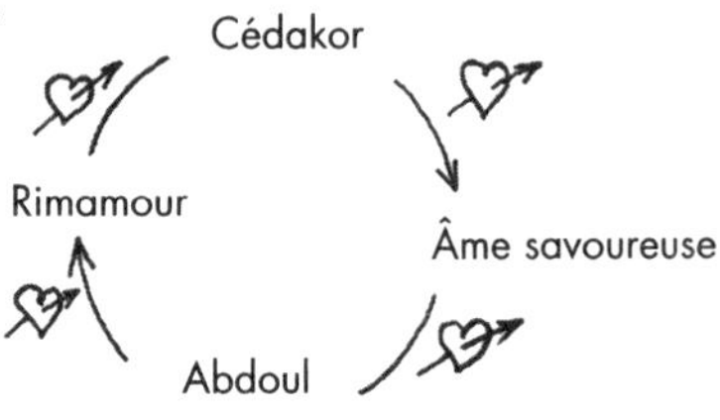

*** (N.D.T.) Le plus bel alexandrin de la langue persane, avec césure, hémistiche, et rimes internes, parfaitement rendu à la traduction.

**** Le poète choisit avec discrimination et opportunisme la rime et le prénom.

Elle fit mine de partir. Irvana la foudroya du regard… l'Émir était amusé. Il s'adressa à Irvana.

« Délicieuse et intelligente, mais piètre logicienne. La relation d'amour n'est pas transitive.

– Comme vous dites bien, Prince, confirma Irvana, qui avait l'ignorance conciliante.

– Laissez-moi vous expliquer la non-transitivité, l'interrompit Haroun. Si A aime B et si B aime C, il n'est pas du tout sûr que A aime C. Supposez, chère Irvana, que vous m'aimiez et que vous profitiez de l'absence de votre mari pour me le prouver. Je doute qu'Adjib m'aime après cela. »

Irvana resta silencieuse. Était-ce une proposition ?

Zéphyr ergotait :

« Mais il en est ainsi de la plupart des qualités, Haroun-el-Rachidinet*****. Si j'ai plus d'argent que toi, et que tu as plus d'argent que mon père, alors j'ai plus d'argent que mon père. Je suis plus grande que ma sœur, et ma sœur est, évidemment de plus grande taille que le dernier bébé de maman, alors je suis plus grande que ce nourrisson braillard. »

Zéphyr se donnait toujours le beau rôle.

***** Les diminutifs allongent les mots !

« Tout n'est pas ainsi, lui assura Haroun. Dans ton jeu feuille, pierre, ciseau, la feuille bat la pierre, car elle la recouvre. La pierre casse le ciseau. Mais c'est le ciseau qui bat la feuille. Ici, la règle du jeu n'est pas transitive. »

Zéphyr resta muette de saisissement intellectuel.

Entre temps, Adjib était enfin revenu de la chasse, crotté, le teint vermeil, et repentant. Le regard insistant d'Irvana lui reprochait son absence. Aussi prit-il part à la conversation.

« Le roi de Khourasane, en Perse, m'a raconté une histoire semblable. Ce roi puissant gouvernait les destinées d'innombrables contrées des sept climats. Innombrables étaient les pays qu'il avait rassemblés sous son sceptre.

– Au fait, lui intima l'impatiente Zéph.

– J'y viens. Il demanda aux femmes de son harem surpeuplé de choisir une nouvelle résidence. Les palais d'Arbalane (A) et de Bensour (B) étaient vastes et disponibles. Les concubines votèrent entre les deux palais et choisirent Bensour. Puis le roi hérita du château de Crimsir (C) et il leur proposa de choisir démocratiquement entre Crimsir et Bensour. Les femmes préféraient Crimsir. Elles allaient déménager pour Crimsir quand l'une d'elles demanda un vote entre Arbalane et Crimsir. Et Arbalane obtint la majorité. Le roi était perplexe : quelle résidence choisir ? B préféré à A et C préféré à B n'implique pas que C soit préféré à A.

– C'est une des difficultés de la démocratie, conclut Haroun al Rachid******.

– Ou du harem. Ne serait-il pas préférable de se contenter d'une femme aimante et fidèle ? dit Irvana. J'espère qu'Adjib n'aura jamais ces préoccupations.

– Non, parce que je n'ai pas trois palais à disposition, répondit Adjib. »

« Les travaux de Condorcet sur les votes ont été repris par les mathématiciens, notamment Kenneth Arrow, expliqua Chahrazade. En 1951, Arrow établit une liste de cinq axiomes qui devaient être

****** Et de l'évaluation de certaines qualités. Ainsi en est-il de la modestie qui doit rester discrète : vouloir être l'homme le plus modeste du monde est auto-contradictoire dans son excès. Tout comme ne pas vouloir être esclave de sa volonté d'indépendance. Toutes les qualités ne peuvent être classées et l'on sent que la transitivité de la modestie ou de l'indépendance est fausse à la limite.

satisfaits par tout système de vote raisonnable. Il montra ensuite que, dans certains cas, une au moins de ces conditions n'étaient pas remplie, et qu'il n'existe pas de systèmes de vote juste. Cette preuve fait partie des découvertes mathématiques négatives : une situation rêvée et que l'on pensait plausible, est à jamais hors de portée. Ainsi, les Grecs ont montré que la racine carrée de deux n'est pas exprimable par une fraction ; Werner Heisenberg (1901-1976) a établi le principe d'incertitude selon lequel il est impossible de fixer la vitesse et la position d'une particule avec une infinie précision ; Kurt Gödel (1906-1978) a prouvé que tout système d'axiomes mathématiques conduisait à une proposition que l'on ne pouvait démontrer, et que l'on ne pouvait fonder l'édifice mathématique sur la base d'un ensemble de propositions. Ces constatations renforcent notre sentiment réaliste : les vérités mathématiques préexistent à leur découverte car si l'homme les créait de toutes pièces, elles ne souffriraient pas de ces impossibilités. »

À ce moment de la narration, Chahrazade vit apparaître le matin, et discrète, se tut.

Onzième nuit

FAITES LE SINGE, PAS LA GUERRE

Songeuse Irvana ! Sa parenté avec les autres mammifères la turlupinait. Dans les cas de crise intellectuelle, elle avait besoin d'Ibliss, ce qui ne plaisait qu'à moitié à Adjib. Mais la vie est ainsi faite... Elle n'eut pas besoin d'appeler le djinn, il était déjà là.

« Je regarde ce chien, et je me sens bête, dit Irvana. Quand je pense que nous appartenons à la même famille de mammifères ! Qu'est-ce qui distingue l'Homme des autres mammifères, lui demanda-t-elle ?

– Grande question, lui répondit-il. Et mal résolue... On a longtemps cru que c'était la faculté de faire la guerre en groupes, mais les savants ont observé que les rats possèdent aussi cette propension meurtrière. Que c'étaient les outils, mais les singes en utilisent également. C'est peut-être la disponibilité sexuelle des femelles humaines. »

Irvana était captivée. Avec Ibliss, elle pouvait parler en toute confiance, en toute amitié, car les djinns n'ont pas les désirs qui perturbent les rapports humains.

« Quels sont les mammifères les plus proches de l'Homme ? Probablement les singes, comme les chimpanzés que mon père Chahmazane passe des heures à observer dans son zoo.

– Pas sûr, lui répondit le djinn. Plutôt les bonobos. Partons pour leur rendre visite. »

Irvana était ravie. Elle avait un nouveau tapis volant de luxe. Son mari l'avait acheté d'occasion à Yatagan, son ancien amant. Yatagan se consolait de ses déboires amoureux par un intérêt immodéré pour les nouveaux modèles automobiles ; son tapis volant était toujours le plus récent et le plus rapide. Il bazardait les anciens modèles à bas prix.

Irvana avait mis longtemps à se préparer et Ibliss l'attendait sans trop d'impatience : il essayait tous les gadgets du tapis volant. Après avoir démarré dans un chuintement luxueux, ils survolèrent l'Afrique centrale et se posèrent au Congo, dans une clairière ensoleillée où gambadaient une dizaine de singes. Des bonobos.

« Enlève ce chapeau colonial ridicule, émule du bon Docteur Livingstone, intima Ibliss. Tu ferais peur à un gorille. »

Irvana obtempéra.

« Regarde ce couple de femelles dégustant des bananes, dit-elle. Et le grand mâle derrière qui voudrait bien en manger. Mais il a beau faire ses rodomontades, les femelles ne s'en préoccupent guère. Regarde, il mendie en tendant la main vers elles, comme les pauvres à qui mon père généreux, le bon roi Chahmazane, donne pitance.

– Et elles l'ignorent ! Ah, elles ont fini leur repas et le pauvre mâle peut commencer à se nourrir de leurs restes !

– Les femmes d'abord. Société hautement civilisée que celle des bonobos, apprécia Irvana ! »

Sur une branche, le jeune bonobo mâle Kako, inquiet, grimaçait nerveusement. Il tenait dans une main deux oranges, son déjeuner.

« Il n'est pas à l'aise dans les arbres, expliqua Ibliss. Au contraire de la plupart des autres singes qui lui sont apparentés, comme les chimpanzés, par exemple. Regarde la femelle, nous l'appellerons Leslie, elle veut passer pour aller cueillir des oranges. Kako la bloque. Elle lui mord la main pour faire lâcher prise. Pauvre Kako ! »

Kako émit un piaulement et dans un fracas de branches, dégringola au sol, suivi aussitôt de Leslie. Ils s'observèrent quelque temps.

« Ah, regarde Ibliss, ils font l'amour pour se réconcilier. Irvana était rouge d'excitation et d'intérêt. Et ils s'aiment, face à face, les yeux dans les yeux, continua-t-elle.

– Les bonobos partagent cette position* avec les humains, remarqua Ibliss.

* Prônée par les prédicateurs catholiques qui évangéliseront l'Afrique.

– Ils ont fini. Et Leslie repart avec une des deux oranges. Bien joué, Leslie !

– Ainsi nos bonobos résolvent admirablement les conflits par l'amour, confirma Ibliss. Et, par conséquent, les bonobos sont volages. Ils pratiquent l'amour libre dans leur petite communauté d'une dizaine d'individus. Les liens de paternité sont assez compliqués.

– C'est peut-être pour cette raison que seules les femelles s'occupent des petits. Regarde comment Leslie prend soin de ses enfants. Ses gestes et ses caresses sont en tout semblables à ceux que je prodigue à Adjib II, mon tendre nouveau-né.

– Et les bonobos sont tolérants envers les farces des jeunes turbulents. Je n'ai jamais vu aucun adulte frapper un enfant, ni même le menacer, précisa Ibliss.

– Seraient-ils supérieurs aux humains ? se demandait Irvana.

– En tout cas ils sont aussi joueur que tu l'étais quand tu étais petite. Observe, Irvana, le jeune Kako qui se cache les yeux avec son bras. Il marche en aveugle jusqu'à ce qu'il tombe. Puis il se redresse et recommence. Ils le regardent tous faire l'intéressant, le spectacle les passionne.

– Mais ce sont des obsédés, remarqua Irvana. Regarde : ils sont si excités par la nourriture que l'un d'entre eux a apportée, qu'ils font l'amour en apéritif.

– Les relations sexuelles rythment leur vie, et la femelle bonobo est disponible sexuellement pendant la plus grande partie du mois. Chez les bonobos, activité sexuelle et reproduction sont séparées, comme chez les humains. La femelle dirige et tire parti des mâles de sa communauté. Les bonobos forment une société dirigée par les femmes, ajouta Ibliss. »

Sur le chemin du retour, Irvana voulait tout savoir des bonobos et elle bombardait Ibliss de questions. Elle apprit que la branche des chimpanzés et des bonobos s'était séparée de la branche humaine il y a huit millions d'années. Et que les bonobos avaient divergé des chimpanzés il y a trois millions d'années.

A Izmir, Irvana trouva Adjib attablé et il s'interrompit à peine pour la saluer. Pendant qu'elle lui racontait les habitudes des bonobos, il s'empiffrait sans lui prêter beaucoup d'attention.

« Mais ils ne parlent pas, aussi comment peuvent-ils communiquer intelligemment, tes bonobos ? » demanda Adjib. Il était inintelligible, car il avait la bouche pleine de nourriture ; il dut répéter plusieurs fois sa remarque.

« Ils savent très bien se faire comprendre et apaiser leurs différends, sourit Irvana, qui songeait aux manifestations amoureuses des bonobos. Et ils sont très civilisés, eux. »

« L'éthologue néerlandais Franz de Waal a étudié les bonobos, et les scénettes que je vous ai décrites sont véridiques, confirma Chahrazade. Notre société a un intérêt formidable pour le sexe, mais la société des bonobos la dépasse de beaucoup. Si nous n'avions jamais observé les chimpanzés et les babouins, nous serions persuadés que les premiers hominidés vivaient dans une société centrée sur les femmes, et où le sexe avait des fonctions sociales importantes qui paraissaient éliminer bien vite les sources de conflit. Les bonobos sont une société qui se démarque de toutes les autres : elle applique le principe des années 1960, “Faites l'amour pas la guerre”. »

À ce moment de la narration, Chahrazade vit apparaître le matin, et discrète, se tut.

DOUZIÈME NUIT

PRENDRE LA (BONNE) PORTE

Le palais n'était que pleurs. Yatagan, nobliau du royaume d'Izmir, avait enlevé Clair-de-Lune, la fille du sultan Armânoûs. Les djinns maléfiques aidaient Yatagan à perpétuer ses forfaits.

Le sultan avait convoqué Aladin, frère de lait de Clair-de-Lune. Aladin avait grandi en compagnie de la fille du sultan et l'amitié les unissait. Érudit et ami généreux des temps difficiles, on l'appelait à l'aide quand il fallait réfléchir et agir.

« Pourquoi les djinns travaillent-ils pour Yatagan ? demanda Armânoûs.

– Le monde compliqué des djinns est scindé en deux congrégations, l'une qui aide les humains dans leurs entreprises périlleuses, l'autre qui s'emploie à rendre dangereuses les actions humaines, expliqua Aladin. Le bien et le mal, le poison et le contrepoison. Pour se distraire les djinns se combattent par l'intermédiaire des humains.

– Et Yatagan ? interrogea le Sultan.

– Yatagan est leur homme de mains, mais il est amoureux de Clair-de-Lune et ne lui fera aucun mal. C'est aux méchants djinns qu'il faut arracher la jeune fille. Appelons le bon djinn Ibliss qui nous conseillera. »

Évidemment Ibliss était au courant, même dépité qu'on ne l'ait pas sollicité plus tôt. Il expliqua qu'il savait Clair-de-Lune prisonnière du « Château où aucun chemin ne mène » et qu'Aladin pouvait la délivrer.

Aladin, guidé par le djinn Ibliss qui connaissait le chemin qui n'existe pas, arriva dans le palais de Damvirate, le roi des djinns mécréants. Un château à vous donner la chair de poule. De hautes tours embrumées, des portes closes, une façade piquetée de hideuses gargouilles, et des cris, des gémissements, des rats malades et pustuleux, des vapeurs d'alcool, des cohortes d'énormes crabes alcooliques qui marchaient en file indienne*, des cliquetis de chaînes, des roulements de boulets. Ils frappèrent à la porte principale. Un gnome contrefait leur ouvrit et les conduisit jusqu'à Damvirate. Celui-ci ricana en tapotant les têtes de mort de son trône.

« Vous délivrerez Clair-de-Lune, si vous vous montrez plus intelligent que Yatagan. Voici la règle du jeu. Clair-de-Lune est derrière l'une de ces trois portes. Celui qui ouvre la bonne porte a gagné et emporte Clair-de-Lune. Si vous choisissez une des deux mauvaises portes, vous me donnez mille dinars. Vous jouez chacun à votre tour, et la position de la pécore est tirée au hasard après chaque essai infructueux. Yatagan, commencez ! »

Yatagan se précipita, comme d'habitude, choisit une porte au hasard, l'ouvrit et, déçu, paya les mille dinars.

C'était au tour d'Aladin. Ibliss parla un long moment à l'infâme Damvirate. Celui-ci hochait la tête, grimaçant** : il approuvait.

« Comme Damvirate est d'accord, je vais un peu modifier les règles. Aladin va se poster devant une porte, un pré-choix. Quelle porte choisissez-vous Aladin ?

– Celle du milieu.

– Attendez avant de l'ouvrir, continua Ibliss. Le gnome lippu pourrait-il ouvrir une des deux autres portes où il sait que Clair-de-Lune ne se trouve pas ? »

Le gnome ouvrit la porte de gauche.

« Alors Aladin, changez votre pré-choix, commanda Ibliss, et ouvrez l'autre porte, celle de droite. »

Aladin ouvrit la porte… et Clair-de-Lune s'y trouvait. Elle s'effondra dans les bras de son sauveur, mais elle n'osait pas trop se réjouir en présence de Yatagan.

---

* Soûls, ils marchaient droit.

** Il était si laid que ses grimaces l'embellissaient.

« Il y avait deux chances sur trois que Clair-de-Lune soit derrière, affirma Ibliss. Nous avons eu de la chance.

– Je ne comprends pas, gémit Yatagan, pourquoi faut-il changer de porte après le pré-choix ? Il y a autant de chances que Clair-de-Lune soit derrière la porte qu'il a choisi en premier, ou derrière l'autre porte. »

Ibliss expliqua.

« Parce que, mon pauvre Yatagan, avec la porte que vous avez choisie, vous avez une chance sur trois que Clair-de-Lune soit derrière. L'ouverture d'une autre porte ne change rien à cette probabilité. On a dit à Aladin qu'une porte, parmi les deux qu'il n'avait pas choisie, était mauvaise ; il avait toujours une chance sur trois que Clair-de-Lune soit derrière la porte initialement choisie, mais deux fois plus de chances qu'elle soit derrière l'autre porte. Au revoir Yatagan, sans rancune Damvirate, et merci. »

Sur le chemin du retour, bien que content, Aladin n'était pas convaincu.

« Il me semble qu'il y avait une chance sur deux que Clair-de-Lune soit derrière la porte du pré-choix et une chance sur deux qu'elle soit derrière l'autre. Je ne vois pas pourquoi je devais changer.

– Ton incompréhension ne m'étonne guère, et la question sera débattue longtemps. Je désespère de te convaincre, mon cher Aladin. Essayons à plusieurs reprises avec ces pierres et ces blocs de bois et faisons des statistiques. Ibliss jouait le rôle du gnome et plaçait une pierre derrière, et Aladin ouvrait, soit la porte du pré-choix, soit l'autre porte quand la troisième avait été ouverte. »

Clair-de-Lune, qui notait, s'emporta : « Cela est clair, je suis derrière "l'autre porte" à peu près deux fois sur trois. J'en ai assez de noter, nous avons mieux à faire. Nous arrivons au palais. »

La fête dura plusieurs jours, les discussions aussi. Fallait-il, ou non, changer de porte ? Ils en débattent encore.

Ce qu'ils ne savaient pas, c'était comment Ibliss avait convaincu Damvirate de modifier la règle du jeu. Ibliss a confié à notre correspondant à Samarkand qu'il avait rappelé à Damvirate quelques bonnes actions de jeunesse… que lui, Ibliss, pourrait éventuellement divulguer et, ainsi, le discréditer au royaume des méchants djinns.

« Le problème n'est pas ancien. La mathématicienne américaine Marylin vos Savant a publié le problème et son analyse en 1991. Elle a reçu des centaines de lettres de mathématiciens professionnels qui contestaient son raisonnement. Le résultat (il faut changer de porte) est si contraire à l'intuition que les débats se perpétuent encore, raconta Chahrazade. Toutefois les simulations sur ordinateur sont faciles à mettre en œuvre et donnent raison à Marylin : sur 100 000 cas, la stratégie d'Aladin de choisir l'autre porte réussit 66 502 fois et échoue 33 498 fois, chiffres raisonnablement proches de 2/3 et de 1/3 de 100 000. Marylin avait définitivement raison : les vérités mathématiques ne résultent pas d'un vote démocratique. Le gnome en ouvrant une porte donne une information à Aladin qui en tire profit pour augmenter ses chances de succès. La démonstration devient plus évidente si l'on considère 1 000 portes. Après le pré-choix, on en ouvre 998, et il apparaît alors qu'il faut changer de porte. Vous ne me croyez toujours pas, demanda Chahrazade ? Alors faites le test vous-même… »

À ce moment de la narration, Chahrazade vit apparaître le matin, et discrète, se tut.

Treizième nuit

LA TAILLE DES DIAMANTS : CONTE THÉOLOGIQUE

Le roi Chahzamane attendait ses joailliers. C'était son anniversaire et il avait décidé de s'offrir un présent. Qui aurait pu lui offrir un plus beau cadeau que lui-même ? Il était l'homme le plus riche du royaume ! Il voulait un diamant. Mais il s'était fait une surprise. Il avait chargé son grand vizir de lui trouver le plus gros diamant du monde, de le faire tailler, et de le lui offrir aujourd'hui.

Le grand vizir dévoila l'énorme diamant.

« Étourdissante conception géométrique, clamèrent les joailliers. Quelle pureté, quelle simplicité, quelle richesse dans le dépouillement. On s'abreuve sous chaque angle de visions splendides. Et si inattendues…

– Ah ! Quelle vision ! Je défaille, hurla un minimaliste persan du même cri.

– Bof ! éructa un néo-destructiviste reformulateur quantique.

– Il faut s'en éloigner un peu puis s'approcher tout doucement de l'œuvre pour en saisir toute la finesse picturale, la néguentropie artistique, susurra suavement un sirupeux esthète résistancialiste.

– La réalité strictement minkovskienne de l'espace est symbolisée par l'objet quantiquement irréductible, intervint un philosophe pré-Sokalien. »

Comment Chahzamane aurait-il pu partager l'enthousiasme forcé de la horde post-moderniste ? Il avait sa lippe des mauvais jours. Pourquoi ? Parce que le diamant était taillé en cube, un simple cube, rien d'autre. Les huit sommets étaient également distants, les huit arêtes parfaitement égales et les faces des carrés identiques. Il se leva et marmonna.

« Des coups de fouet, voilà ce qu'ils méritent, et un grand vizir au chômage, un. Vite fait. Grand vizir, appelez le bourreau. Il est pour vous. »

Et il quitta la salle, écrasé de désappointement. La beauté n'est pas toujours source de joie…

« En voilà une histoire, pensa Irvana. Comment amadouer le tyran déçu ?

– On pourrait peut-être retailler le diamant pour en diminuer l'uniformité. Quelles autres surfaces pourrions-nous faire apparaître ? Aidez-moi, supplia le grand vizir !

– Des triangles, des carrés, des rectangles, cria Yatagan. Très facile, on peut tout faire, avec un peu d'imagination. Ce nigaud de grand vizir en est dépourvu. Je vais couper cet animal en rondelles moi-même. Je subodore la promotion.

– Sauriez vous faire une coupe dont les limites forment un hexagone, ô bellâtre furieux, l'interrompit Irvana ?

– Impossible, répondit Yatagan. Même le géomètre…

– Rengainez votre sabre, histrion, répliqua le géomètre. On obtient un hexagone par une coupe qui passe par le milieu des arêtes, perpendiculairement à la grande diagonale du cube.

– Mais c'est très joli ce que fait ce gentil monsieur géomètre, admira Laab, la dernière arrivée des courtisanes. Vous pourriez, doux géomètre, m'offrir un hexagone de diamant !

– Ou le couper en trois pyramides comme cela, continua le géomètre. Le cube est riche de potentialités. On peut faire trois pyramides identiques en deux coups de couteau. Ou en coupant ainsi et ainsi, et ainsi, faire un octaèdre, un icosaèdre, un dodécaèdre, à peu près tout.

– J'aimerais bien un solide dont la surface serait constituée uniquement de faces hexagonales, ô mon gentil géo… minauda Laab.

– Impossible.

– Même pour me faire plaisir, susurre Laab ?

– Il est démontré que c'est impossible.

– Mais l'amour n'est-il pas plus fort que tout ?

– Pas plus puissant que les mathématiques, ma chère future petite amie. Même Haroun al-Rachid, le commandeur des croyants, même Allah, ne pourraient imaginer un volume pavé d'hexagones*. »

Chahzamane, qui s'ennuyait tout seul, était revenu calmé. Pour aussitôt s'indigner.

« Blasphème, intervint-il, Dieu est tout puissant.

– Oui, mais il a créé la géométrie et Dieu ne peut créer de contradiction, maintint le géomètre. Allah peut tout, sauf se contredire. Il est trop savant pour combattre sa propre parole. S'il pouvait se contredire, il ne serait plus tout puissant.

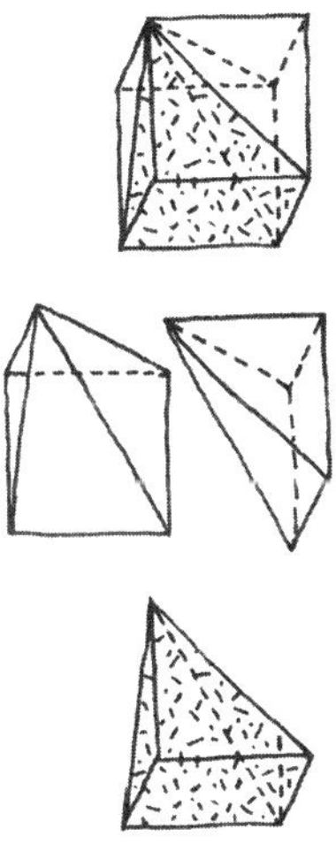

* Kepler a démontré qu'il fallait disposer au moins 12 pentagones, comme cela est visible sur la géode du parc de la Villette.

– Prendre Dieu au piège de la contradiction revient à douter de sa puissance. C'est impie**. »

Le géomètre feignait de s'adresser seulement à Laab, car il craignait de contrarier à nouveau Chahzamane. Puis, ses bras moulinèrent dans l'espace des coupes possibles du cube.

Chahzamane reprit la parole.

« Ne touchez pas à ce diamant. Je vais l'envoyer à l'abominable Al-Ma'moun de la part de Yatagan avec un commentaire approprié. Cela va fâcher cet énergumène sanguinaire. Et il me débarrassera de Yatagan. »

« Les radiolaires sont des animaux microscopiques unicellulaires qui peuplent les mers, raconta Chahrazade. Leur squelette de silice est composé d'hexagones non réguliers et il semblerait, à première vue, qu'il puisse recouvrir l'équivalent d'une sphère (une sphère déformée). C'est à ce propos que la discussion sur la puissance de Dieu et les mathématiques a opposé un mathématicien et un naturaliste. Le mathématicien suisse Leonhard Euler (1707-1783) a montré que le nombre F de faces d'un polyèdre, le nombre A d'arêtes et le nombre S de sommets vérifient la relation : $F + S - A = 2$. Vous pouvez contrôler l'exactitude de cette formule sur les cubes, les prismes, les pyramides, et les solides obtenus en tronquant ces polyèdres. Revenons à notre problème. Chaque hexagone possède six sommets et six arêtes ; chaque sommet est commun à trois faces ($S = F/3$) et chaque arête est commune à deux faces ($A = F/2$). Ainsi, s'il existait un radiolaire constitué seulement d'hexagones, l'on aurait $F + 6 \times F/3 - 6 \times F/2 = F + 2F - 3F = 0$. Comme 0 ne peut être égal à 2, la configuration est impossible. »

À ce moment de la narration, Chahrazade vit apparaître le matin, et discrète, se tut.

** Dieu peut tout sauf se contredire, affirmait saint Augustin. Quelle que soit la réponse à la question posée par Blaise Pascal : « Dieu peut-il créer une montagne si grande qu'il ne peut l'escalader ? », elle limite la puissance de Dieu. Dans la même veine, selon certains théologiens, défier Dieu était le pire des péchés. Par exemple, dire : « Si Dieu existe, que cette bouchée de pain m'étouffe. » Dieu n'a pas à se soumettre aux injonctions des humains pour prouver sa puissance. Le mathématicien anglais Godfrey Hardy (1877-1947) avait commis ce péché : il détestait les voyages en bateau et il devait traverser la Manche pour assister à un congrès de mathématicien. Pour conjurer le sort, il écrivit à un collègue qu'il avait démontré le théorème de Fermat, une conjecture notoire. « Dieu, raisonnait-il, ne peut faire chavirer le bateau, car une gloire indue me serait attribuée. »

QUATORZIÈME NUIT

LES FRACTALES

Le nouveau grand vizir des Universités, taciturne, préparait son attirail. Son ambition était comblée, mais il croulait sous la difficulté des tâches à régler. Il fallait réformer l'Université, restructurer la recherche, dynamiser les étudiants, refondre les programmes, inciter les industriels, toujours timorés, à investir dans les laboratoires universitaires, etc.

« Que ne suis-je resté géologue royal, marmonnait-il. Il ne me reste aucun loisir. J'ai assez résolu de problèmes aujourd'hui : autant aller à la pêche ! »

Il prépara son matériel.

Hélas pour sa tranquillité, toute la cour l'accompagnait. Aussi pestait-il.

« Ils vont effrayer le poisson », murmura-t-il.

On vit fleurir les cannes, les épuisettes, les appâts et les bouteilles d'anisette. La lutte pour les places le long du lac de Samarkand était chaude.

Le lac était encaissé dans le cratère d'un volcan que le grand vizir appréciait particulièrement car il en avait étudié les détails géologiques durant sa jeunesse universitaire.

Bien installé, le grand vizir tentait de repousser le voisinage.

« Pas moins de dix mètres de longueur de rivage entre chaque pêcheur, ordonna-t-il. Pour moi, vingt. »

Chacun essayait de mesurer la distance qui séparait, le long de l'eau, sa canne à pêche de celle de ses voisins. Certains mesuraient avec une grande perche, d'autre avec un petit bâton.

Un conflit opposa Chahzamane à Laab.

« L'arpenteur royal a mesuré 9,3 mètres entre nous. Éloigne-toi, ordonna-t-il à sa favorite.

– Tu n'as pas toujours dit cela, mon gros tigre voluptueux. Pas plus tard qu'hier. D'ailleurs, j'ai mesuré la distance : 105 fois mon petit bâton de dix centimètres et donc 10,5 mètres. Je suis au-delà de la distance réglementaire. »

Le découpage de la côte rendait les mesures incertaines. Il fallut se rendre à l'évidence, la longueur entre deux points de la frontière entre l'eau et la terre dépendait de la longueur de l'instrument de mesure. Plus l'instrument était petit, mieux il épousait les détails de la côte, plus la longueur mesurée était grande. Ibliss intervint.

« Les mathématiciens ont étudié le problème. Pour des côtes suffisamment compliquées, la longueur entre deux points, même très proches, est infiniment grande.

– Là. Je triomphe encore, insista Laab. C'est fatigant d'avoir toujours raison !

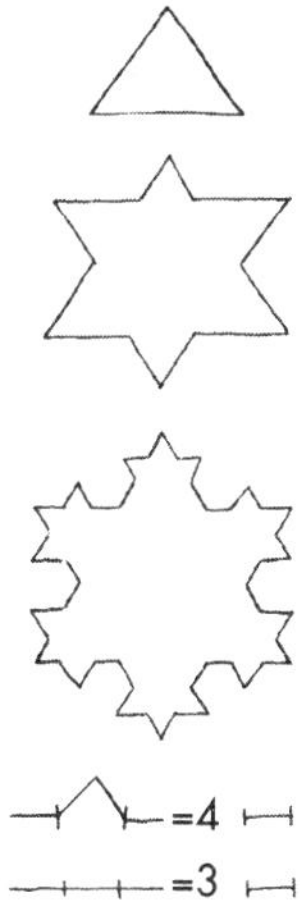

– Dessine-moi une courbe de longueur infinie, demanda Chahzamane à Ibliss.

– Je vais demander à Laab de tracer un triangle équilatéral, de partager chaque côté en trois parties et de faire un triangle équilatéral sur la partie centrale. Puis d'éliminer le segment central. Et de recommencer sur chaque segment.

– Quand dois-je m'arrêter ? demanda Laab, fatiguée de la tâche.

– Jamais. Les mathématiciens vont jusqu'à l'infini.

– On voit bien, comme d'habitude, que ce ne sont pas eux qui font le travail, ironisa le grand vizir. »

Tout le monde avait compris et s'extasiait sur la beauté de la courbe « Flocon de neige ». À chaque opération, la longueur de chaque segment était multipliée par 4/3; évidemment, la longueur était infinie après un nombre infini d'opérations.

La petite Zéphyr accourut en hurlant sa joie. Elle avait attrapé un poisson et le brandissait fièrement. Tout le monde l'admira.

« C'est un poisson de l'espèce Mandelbrot, affirma un ichtyologue. Observez les écailles. »

Chaque grosse écaille était recouverte de petites écailles, elles-mêmes recouvertes d'écailles plus petites, jusqu'à ce que les écailles soient trop petites pour être visibles. On subodorait leur présence au toucher.

« C'est une fractale. Le volume du poisson est limité, mais sa surface est infinie, dit notre petit djinn malicieux.

– Comme pour la courbe, la surface devient infiniment rugueuse quand on la regarde de plus en plus près.

– Au centre de chaque triangle, il y a un minaret, minauda la courtisane royale. Une courtisane révèle sa présence en passant un doigt habile.

– Et qu'on l'observe de loin ou de près, on voit toujours le même paysage, nota le mathématicien Ramsès.

– Le tourisme exploratoire est sans intérêt dans une fractale, confirma Chahmazane. En revanche, vue de loin, la structure prend une forme bizarre à mesure que l'on ajoute des petites pyramides.

– La structure est inattendue, mais elle n'est pas remarquable, interrompit Ramsès. »

Contredire ainsi le roi n'était guère diplomatique, mais quel mathématicien a-t-il jamais accepté de se taire quand il sait avoir raison ?

« Je vais vous prouver le contraire, affirma-t-il. »

Il prit à part Yatagan et lui conseilla de confectionner pour le souverain un cadeau fractal et royal. Chahzamane, ému de la sollicitude de Ramsès, s'apaisa. Le retour au palais fut joyeux.

Pendant que les pêcheurs se restauraient avec les succulents fruits du jardin et, Zéphyr excepté, de quelques verres de vin, Yatagan suivait les conseils de Ramsès. Il partait d'une pyramide en or, un tétraèdre, lui enseigna Ramsès, sur lequel il construisait de petites pyramides, puis de petites pyramides.

« J'espère qu'il aura assez d'or pour mon cadeau imprévu », sourit Chahzamane.

En bon souverain, Chahzamane n'aimait pas que les bonnes volontés de ses sujets soient limitées par manque de crédits. Le grand vizir prit bonne note de cette subite générosité.

Enfin Yatagan amena le cadeau et la salle frémit. De terreur. Car le résultat était encore un cube, parfaitement banal.

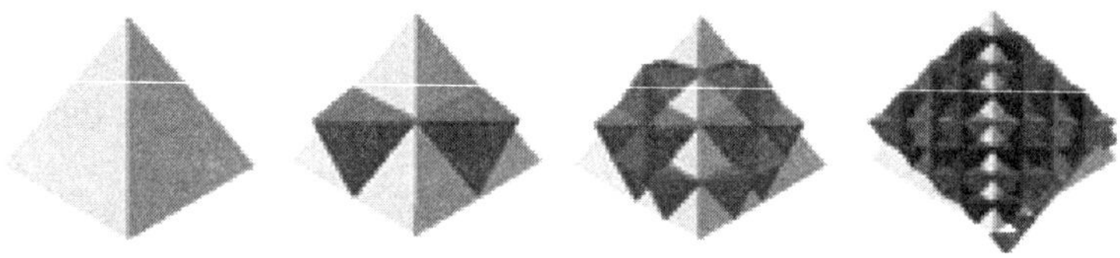

Ibliss pleurait de rire.

« C'est le deuxième cube que l'on offre à notre roi. Il va se lasser. J'espère que c'est le second, ajouta-t-il prudent en voyant les sourcils froncés de Chahzamane.

– Ne punissez pas Yatagan, implora Ramsès, il ne pouvait deviner cette surprise fractale qui a étonné les plus grands mathématiciens. La limite d'une pyramide fractale peut être un cube. »

Au fond de lui-même, Chahzamane était content. Il avait enrichi considérablement sa vision des cubes et pourrait se moquer des anticubistes ignorants. Lors de la visite des souverains étrangers, il aurait beau jeu de leur expliquer toute la richesse mathématique que recelait le cube.

« Notre ichtyologue amateur de poissons fractals a été précédé par le romancier Jonathan Swift (1667-1745), auteur des Voyages de Gulliver, *remarqua Chahrazade : il a écrit :*

"Ainsi, les naturalistes observent qu'une puce
A des petites puces qui vivent sur son dos,
Lesquelles sont mordues par des puces plus petites encore,
Et ainsi de suite, ad infinitum*..."*
Les fractales présentent toujours la même structure quelle que soit l'échelle. Elles peuvent avoir des dimensions qui ne sont pas entières, comme 1,4 ou 2,856. Ce petit air de science-fiction explique une partie de leur succès, ainsi que la facilité de leur apprentissage. Il reste surprenant qu'une courbe pathologique, une fonction continue sans dérivée, soit utilisée dans de si nombreux domaines de la physique : elle explique, comme l'a montré Benoît Mandelbrot, pourquoi le ciel est noir la nuit, les détails du mouvement brownien, les fluctuations de la bourse, les échanges gazeux dans les structures des poumons. »

À ce moment de la narration, Chahrazade vit apparaître le matin, et discrète, se tut.

QUINZIÈME NUIT

LA CHALEUR HUMAINE

Quelle chaleur à Samarkand ! Il faisait rudement chaud pour une si petite ville. Les habitants du palais respiraient la touffeur de la canicule, certains affirmaient que c'était l'été le plus chaud depuis la création du monde*. Le roi, qui faisait la sieste, en suait jusque sous les yeux.

Il fut réveillé par les plaintes et les soupirs de son entourage.

« Cent coups de bâtons à celui qui dit encore une fois qu'il fait chaud ! » souffla Chahzamane de fort méchante humeur.

Même le djinn Ibliss souffrait : de la vapeur se dégageait de la fumée qui le matérialisait.

« Ce n'est pas pour me vanter, mais il fait chaud » remarqua-t-il, car il avait des lettres. Il aurait dû être puni, mais le bâton était inefficace contre le vent.

Il conseilla Chahzamane :

« Sortons dans le jardin pour nous rafraîchir. »

La petite courtisane Laab semblait la plus atteinte par la température, et elle s'était débarrassée de la plupart de ses habits. Irvana, la fille de Chahzamane, lui avait intimé de se rhabiller avant de sortir :

* Un statisticien, à l'esprit troublé par la chaleur, affirma que c'était le troisième été consécutif le plus chaud du siècle.

avec l'âge Irvana devenait prude et acariâtre**. En soupirant Laab revêtit le plus léger, le plus diaphane, de ses voiles.

Ils se dirigèrent vers le grand bassin de la cour intérieure. À mesure qu'ils s'approchaient, ils ressentaient une fraîcheur bienfaisante. Le roi s'étonnait et se réjouissait de ce bien-être.

« L'air est effectivement plus froid près de l'eau, lui assura Ibliss. Quand le vent sec et chaud entre au contact de l'eau, il l'évapore. Cette évaporation de l'eau extrait de la chaleur à l'air, qui est ainsi rafraîchi. Je suis content que vous respiriez mieux.

– Et c'est pour cela que l'Émir de Yezd m'a envoyé son architecte pour des aménagements intérieurs de mon palais. Il me construit un système d'aération où une rivière souterraine rafraîchira l'air circulant dans le palais. D'après les plans. »

Une gerbe d'écume éclaboussa le roi. Laab avait plongé dans le bassin pour se rafraîchir, et elle en ressortit, impudique mais radieuse. Tout sourire, elle encouragea ses compagnes à l'imiter. Bientôt toutes pataugèrent, admirées par le roi qui s'était prudemment éloigné du bassin.

« Le vent sec évapore l'eau du corps, en tout point admirable, de Laab, expliqua Ibliss, et la refroidit agréablement.

– Ce refroidissement au sortir de l'eau n'est pas toujours aussi agréable, intervint le grand vizir. J'ai été dernièrement chez les Celtes bretons pour y acheter un navire ; ses habitants m'ont expliqué que le vent qui vient de la Terre est sec. Aussi évapore-t-il beaucoup d'eau et glace-t-il les intrépides baigneurs. Le vent humide qui vient de la mer a moins d'effet : déjà chargé en humidité, il évapore moins d'eau. Aussi est-il moins craint des nageurs.

– Je ne suis pas sûr que j'aimerais me baigner en Bretagne, dit-il. Ici, j'en ai bien envie, mais ma dignité me l'interdit. Je dois garder les habits de mon rang, d'une royale blancheur***. »

Chahzamane se grattait la tête, signe de perplexité.

« Je me demande si je ne devrais pas avoir un habit noir comme le vôtre, grand vizir. Certains me disent que le noir tient moins chaud. Qu'en pense notre physicien géologue royal ?

** Un caractère ombrageux aurait été plus acceptable par temps de canicule.

*** Vizir.

– La question est délicate et des générations de physiciens l'ont étudiée. Le blanc réfléchit plus le rayonnement solaire, mais le noir émet plus de chaleur, car il rayonne plus efficacement. En fait, il faut se vêtir de blanc au Soleil pour moins absorber le rayonnement, et de noir à l'ombre pour mieux émettre la chaleur.

– Je sais que le noir est plus chaud : on se brûle plus les pieds sur les plages de sable noir que sur les plages de sable blanc, intervint Yatagan, qui avait voyagé.

– Assez bavassé, intervint le roi. Faisons plutôt l'expérience en vraie grandeur. Habillez-moi 10 soldats de blanc, et revêtez 10 soldats de costumes noirs, en les tirant au hasard. Plantez-les en plein soleil, et observons. »

La barbare technique du roi donna des résultats concluants : après une heure de sablier, sept soldats noirs s'étaient écroulés, trois soldats blancs seulement. Chahzamane était rasséréné : il n'aurait pas à refaire sa garde-robe.

« Il y a un autre phénomène, affirma le géologue royal. Comme le vêtement du bédouin est ample, l'air chauffé au voisinage du tissu monte et cette circulation d'air sec refroidit le corps, là encore par évaporation d'eau. Avec un drap blanc, la circulation d'air est moins importante, et le bédouin est moins refroidi. D'où l'avantage des vêtements amples et noirs, et de, et de... »

Laab s'était rapprochée, toute mouillée, la robe collée au corps. Le géologue royal la fixait avec des yeux exorbités et ne savait plus bien ce qu'il disait.

« Je n'aimerais pas me revêtir d'habits noirs, commenta Laab. Je me demande si je ne vais pas essayer une robe blanc foncé.

– Vos vêtements amples, ami géologue physicien, ont aussi l'avantage de masquer vos pensées brûlantes, affirma le roi. »

Le géologue était trop rouge de chaleur pour ajouter celui de la confusion.

Ils continuèrent à discuter un moment de la chaleur du temps, quand le grand vizir interrogea le géologue.

« On m'a raconté, dit-il, que les climats, il y a bien longtemps, étaient moins chauds. Que ne pouvons-nous revenir en ces temps anciens !

– Ces variations du climat sont dues aux mouvements de la Terre, répondit notre géologue. Ces mouvements font qu'il y a 18 000 ans, les hivers étaient plus froids et les glaces ne fondaient pas en été. Notre pays, sur lequel vous régnez, ô roi, avec magnanimité, était couvert de glace. C'était la dernière période glaciaire.

– Je n'aurais pas beaucoup aimé vivre dans la froidure, intervint Laab. Bien que la fourrure m'aille très bien. »

Et, primesautière, elle planta un baiser sonore sur les joues du roi.

Le soir venait, avec l'ombre, la fraîcheur et la douceur de vivre dans les senteurs des roses. L'heure était tranquille et les boissons parfumées étaient servies dans des coupes délicates. Le roi et son entourage se délectaient de pastèques que Laab débitait à belles dents, comme les insectes mangeurs de feuilles. Le géologue était tout aussi barbouillé du fruit ; il avalait un morceau poussant l'autre avant que le précédent soit descendu dans le gosier. L'atmosphère était détendue, sauf pour les sept soldats en costume blanc qui n'avaient pas été relevés. Tout le monde les avait oubliés. Telle est l'ingratitude des scientifiques et des politiques vis-à-vis des sujets d'expérience.

« Comment se fait-il que nous ne soyons jamais contents de notre climat, s'interrogea tout haut le roi ?

– Parce que nous ne sommes pas anglais****, Sire, rétorqua le grand vizir. »

« Le Soleil très chaud (6 000 °C) émet dans les longueurs d'onde visibles. Le corps humain, dont la surface est à quelque 30 C°, émet dans l'infrarouge. On sait qu'un corps noir émet mieux que n'importe quelle autre couleur, mais les textiles sombres sont-ils des "corps noirs" dans l'infrarouge ? La question est ouverte, nota Chahrazade. L'atmosphère est transparente aux rayons solaires qui chauffent la surface de la Terre, et elle absorbe partiellement les rayonnements infrarouges émis par la Terre : c'est l'effet de serre. Plus il y a de gaz absorbants dans l'infrarouge, comme le gaz carbonique ou la vapeur d'eau dans l'atmosphère, plus celle-ci est absorbante et plus elle est chaude. »

À ce moment de la narration, Chahrazade vit apparaître le matin, et discrète, se tut.

**** L'été anglais est un hiver peint en vert, disait Bismarck.

SEIZIÈME NUIT

LA BAGUE DEVINÉE

El Aschar respirait la prospérité. Mais il avait perdu la beauté de l'éphèbe : le ventre du riche marchand avait les rotondités gravides d'une chamelle grosse de triplés. Aussi lui était-il difficile de se trouver une amie ! D'autant qu'il était avare.

Il languissait d'amour pour la belle Boudour, la fille du marchand d'olives, à la chair, douce et juteuse, de la couleur de l'huile blonde que fabriquait son père.

Pour la séduire, il devait inventer un stratagème, et à ce point de vue, il n'était pas démuni. Les marchands sont d'habiles négociateurs. El Aschar n'oubliait jamais d'ajouter des petites lignes illisibles à ses contrats, celles que personne n'a la patience de lire, de sorte qu'il se tirait toujours d'affaire. Il alla rendre visite à Boudour.

Le marchand d'olives le reçut généreusement, car il voulait être intronisé membre de la confrérie des huiles, cette réunion des dirigeants d'entreprises prospères et influents, dont El Aschar était président. Il appela Boudour qui se présenta les yeux baissés dans une robe lilas, simple et délicate comme toute sa personne.

« Notre puissant ami souhaite te donner une bague, pour renforcer les liens d'amitié qui unissent déjà nos deux familles. Remercie-le, ma chère fille.

– Je le remercie de la proposition. Toutefois j'aimerais savoir à quoi je m'engage. Bon vouloir, cher père, mais oreille attentive. Quelles sont les conditions de ce don inattendu, demanda Boudour, levant des yeux noirs et interrogateurs.

– Pas de conditions, répliqua El Aschar. Juste une petite règle du jeu. Allons chez le joaillier. »

Le joaillier se méfiait d'El Aschar, dont il connaissait les roueries. Il pensait qu'El Aschar était derrière une affaire de perle noire où il avait beaucoup perdu.

« Montre tes pierres* embaguées, lui intima El Aschar, et sans enlever les étiquettes des prix. Nous sommes entre nous, pas de fausse pudeur, cela coûte ce que cela coûte. »

Le joaillier disposa une demi-douzaine de bagues par ordre de prix.

« Je désire t'offrir une bague, chère Boudour. La bague que tu préfères sera à toi sauf… »

Boudour fit la grimace : il y avait bien une condition.

« ... sauf dans le cas merveilleux, continua El Aschar, où nos désirs seraient si semblables et nos esprits si parfaitement accordés, que nous devrions nous marier tout de suite. Choisis parmi ces bagues celle que tu désires. Si je n'ai pas deviné celle que tu vas choisir, et dont j'ai inscrit le numéro sur ce morceau de papier, la bague sera à toi. Si j'ai deviné ton choix, alors nous nous marierons et économiserons l'argent de la bague pour payer la cérémonie.

– Suis-je obligée de me prêter à ce jeu, demanda Boudour à son père ?

– Tu ne peux pas perdre, lui répondit-il. Dans cinq cas sur six, tu repars avec le joyau, et dans un cas, tu as le bonheur d'épouser El Aschar. »

Boudour se prit à réfléchir. Elle ne voulait pas choisir la bague au hasard ; pour choisir, elle souhaitait deviner ce qu'avait écrit El Aschar. Aussi discuta-t-elle en aparté avec sa confidente et amie, Nôzhatou.

« La bague la plus chère est celle qui pénaliserait le plus El Aschar. J'aimerais bien donner une leçon à cet amas huileux. Hélas,

---

* Dans des versions ultérieures, cette histoire sera intitulée par Dumas, *Le Conte de montre tes cristaux.*

comme il est avare, je ne peux la choisir, car c'est celle-là qu'il a dû noter sur son papier. Je vais prendre la suivante dans l'ordre des prix.

– Es-tu bien sûre que ce choix est préférable ? rétorqua Nôzhatou. Il doit penser que tu as fait cette déduction, aussi sait-il que tu ne vas pas prendre la bague la plus chère, mais la seconde du lot. Et c'est celle-là qu'il a mise sur son bout de papier. Il faut que tu mettes la troisième.

– Nôzhatou, tu m'inquiètes. El Aschar a dû tenir cet argument, il a dû penser que nous choisirions la troisième bague, et inscrire ce numéro. Il faut choisir la quatrième. »

Boudour et Nôzhatou continuèrent ainsi à disserter, jusqu'à la sixième bague. Pour chaque bague, selon leur logique, El Aschar avait deviné que c'était celle que choisirait Boudour. La situation semblait inextricable. Nôzhatou s'énervait.

« Pour chaque bague, nous tenons le même raisonnement, aussi doit-il être faux pour toutes, remarqua-t-elle ! El Aschar ne peut inscrire qu'un seul numéro sur son papier. Tu n'as qu'à choisir la bague que tu préfères.

– Alors ce sera la seconde, celle qui a la couleur de mes yeux. Mais je m'interroge : si El Aschar a suivi le cheminement de nos pensées jusqu'à ce point, il a inscrit sur son papier la bague numéro 2, s'inquiéta Boudour.

– Dans tous ces raisonnements, tu supposes qu'El Aschar est aussi intelligent que nous. Si nous n'avons pas exactement la même intelligence, l'un d'entre nous s'arrête en chemin, et tu peux choisir n'importe quoi. En fait, tu n'as qu'à choisir la bague au hasard, répliqua Nôzhatou. El Aschar ne peut rien contre le hasard. Mettons tous les numéros des bagues sur des morceaux de papier et tirons-en un au sort. El Aschar ne peut deviner le résultat du tirage. »

Le tirage au sort désigna la bague numéro 1.

« Tu ne peux suivre ce tirage, dit Nôzhatou, car El Aschar a dû minimiser son risque et noter le numéro de la bague la plus chère. »

Les marchands s'impatientaient. Boudour se décida finalement à parler. Elle avait remarqué qu'un bijou n'existait qu'à un exemplaire.

« Ô, très cher El Aschar. Je suis certain que tu serais prêt à combler tous mes vœux. Aussi je ne désire pas une bague. Le bijou auquel mon âme aspire est la perle noire que je vois là-bas. »

Cette requête d'allure innocente fit hurler El Aschar.

« Et quoi encore ? Tu ne voudrais pas la paire de ces perles noires, par hasard ? Cette perle, c'est moi qui l'ai vendue à ce boutiquier, et je ne vais pas la racheter à cet imbécile. »

El Aschar s'interrompit brusquement. Le joaillier avait le visage violet de rage, et se précipitait la dague au poing vers lui. El Aschar dut s'enfuir en courant. Certains disent qu'il court encore.

« Quelle est cette histoire de perle noire, demanda Boudour ? »

« Ce problème est connu sous le nom du paradoxe du pendu, précisa Chahrazade. Selon ce paradoxe, on prévient un condamné qu'il sera pendu un jour de la semaine suivante, sauf s'il peut deviner, le matin de la pendaison prévue, que tel est le jour de son exécution. Ce ne peut être le dernier jour, se dit-il, car j'aurais la certitude que je serai pendu ce jour. Donc mes bourreaux ne peuvent attendre le dimanche, et ce ne peut être le samedi, car je saurais qu'ils ne peuvent choisir le dimanche, et je leur dirai le samedi matin que c'est le jour. Et ainsi de suite. Ce problème fut posé en Suède, en 1943 : on prévint les populations qu'un exercice de défense civile aurait lieu un matin de la semaine suivante. Pour vérifier la bonne préparation des troupes, le gouvernement s'assurait que nul ne connaissait à l'avance la date de l'exercice. »

À ce moment du récit, Chahrazade vit apparaître le matin, et discrète, se tut.

Dix-septième nuit

LA PERLE NOIRE

« Je n'ai pas toujours tenu une petite échoppe dans le quartier marchand, raconta le joaillier. Avant que je ne me fasse gruger par El Aschar, j'étais un des plus prestigieux diamantaires de la cour du roi. Je le hais, je le hais, je le hais. »

Boudour lui épongeait la sueur du front, et Nôzhatou s'inquiétait des risques d'apoplexie. Elles lui intimèrent quelque repos. Le joaillier, soutenu par sa femme et ses enfants, se retira.

Le marchand d'olives, qui connaissait l'escroquerie de la perle noire, ignorait qu'El Aschar était responsable du drame.

En commerçant avisé, il ne regrettait plus que sa fille ait éconduit un tel malfaisant. D'autant que ces émotions avaient ressoudé la famille. Ils s'en retournèrent chez eux pour fêter la déconfiture d'El Aschar.

En chemin, Boudour et Nôzhatou lui contèrent leurs réflexions pour le choix de la bague, mais il est inutile de répéter la narration.

Au logis, après quelques libations, Nôzhatou osa interroger le marchand d'olives.

« Nous brûlons d'impatience, raconte-nous l'histoire de la perle noire, lui intima-t-elle !

– Avant cela, approche cette grosse carafe ventrue* de vin d'Izmir, lui demanda-t-il, car si le conte est bon, il est long. »

* Une petite carafe de vin est un objet immoral, illogique et inadéquat.

Enfin il commença son récit.

«El Aschar, puisque c'est de lui qu'il s'agit, avait remarqué la perle noire dans le magasin du joaillier. Il décida de l'acheter, sans vouloir l'offrir à quiconque, car vous connaissez sa ladrerie, leur dit-il. Il se grima, revêtit les habits d'un riche marchand nubien, se rendit chez le joaillier, demanda à voir la perle dont il admira la perfection, et ne discuta presque pas le prix, ce qui était surprenant. Il tint ensuite au joaillier ce discours :

"J'aimerais, dit le perfide, offrir à ma maîtresse dont je tairai le nom, car elle est de famille noble et prestigieuse, une paire de perles pour qu'elle en pare ses oreilles délicates ourlées comme des conques marines. Si tu me trouvais une perle exactement semblable, je serais prêt à t'en offrir dix fois le prix. Voici l'endroit où tu pourras me trouver."

Le joaillier regardait, perplexe, l'adresse que lui avait remise El Aschar.

"Comment trouver une perle identique, s'interrogeait-il ? C'est impossible. Quelle tristesse, car cet acheteur est assez fou pour en payer dix fois le prix ! Je ne réussirai pas une seconde vente ; contentons-nous de la première." »

Le marchand d'olives s'interrompit.

« Donne-moi encore un peu de vin, cette figue dorée de soleil, et viens t'asseoir près de moi, dit-il à Nôzhatou. »

Il tenait son auditoire en haleine et souhaitait profiter de sa situation. Nôzhatou obtempéra et accepta, du bout des lèvres, de partager la figue avec le narrateur. Celui-ci reprit son histoire.

« Donc El Aschar avait acheté pour 500 dinars d'or la perle noire. Il la tint cachée pendant un an, car nous autres commerçants avisés, savons attendre le moment propice. Je me souviens que pour une livraison d'olives…

– Pas d'incidentes, cher Papa. Revenons à la perle, l'interrompit sa fille.

– Bien, ma chère enfant. Tout pour plaire à la famille, telle est ma devise. Comme je le disais à mon ami le barbier…

– La perle, la perle, scandèrent Boudour et Nôzhatou.

– Donc, environ un an après son achat, El Aschar revêtit un autre déguisement et disposa la perle qu'il avait achetée sur un étal au marché, parmi d'autres bijoux. Puis il attendit le passage du joaillier. Celui-ci approcha des bijoux d'El Aschar, et sursauta. La perle noire ! Tout à fait semblable, et pour cause, à celle que le marchand nubien lui avait achetée ! Maîtrisant son émotion, car il faut dans les transactions, toujours masquer ses sentiments. Ainsi moi-même…

– Papa, s'il te plaît, la supplia Boudour.

– Donc le joaillier demanda le prix de la perle noire et après de longues négociations l'obtint pour 3000 dinars d'or.

"Que m'importe, se disait le joaillier, je la revendrai dix fois sa valeur."

El Aschar revint chez lui, heureux d'avoir gagné 2500 dinars d'or. Quand le joaillier contacta le riche marchand fictif à une adresse que contrôlait El Aschar, celui-ci lui fit savoir par messager qu'il avait changé d'avis, que sa maîtresse l'avait abandonné et qu'il ne voulait plus acheter de perle. »

« Triste fin, remarqua Boudour, je comprends la colère du joaillier quand il a su qu'El Aschar avait causé sa perte.

– Mon père m'a raconté la même histoire avec une potiche chinoise. El Aschar a fait école. Maintenant, pouvez-vous lâcher ma jambe gauche, marchand d'olives, je ne désire pas vous la vendre car j'ai déjà la paire, se fâcha Nôzhatou. »

« Il existe de multiples arnaques utilisant des parités, continua Chaharazade. On m'a raconté l'histoire d'un escroc qui se rendait au Casino avec son valet, en Rolls-Royce pour inspirer confiance. Le premier jour, l'escroc perd à la roulette 100 000 F en jouant sur le rouge. Le second jour, il perd aussi 100 000 F. Au bout d'une semaine, le valet vient seul et tient se propos au croupier : "Mon maître est malade et je vais jouer à sa place tous les jours 100 000 francs sur le rouge. Bien sûr, je vais perdre. Aussi,

j'entends que vous me dédommagiez de 50 000 francs. De la sorte, nous gagnerons tous les deux 50 000 francs". Le croupier accepte. Il ignore qu'un baron, de mèche avec le valet, jouait le noir quand son compère jouait le rouge. Chacun gagnait ainsi quand l'autre perdait. Le casino ne gagnait rien, mais nos escrocs étaient certains d'équilibrer leurs gains et leurs pertes. Ingénieux. »

À ce moment du récit, Chahrazade vit apparaître le matin, et discrète se tut.

DIX-HUITIÈME NUIT

LE PARTAGE PROPORTIONNEL

Zéphyr de l'adolescence éclata de colère.

« Tu as encore pris la plus grosse, c'est insupportable. »

Zéphyr recevait son cousin Mahmoud, et ils dégustaient des Alibabas au rhum. La crème était d'un blanc velouté, la pâte onctueuse et la cerise... sur le gâteau. Pierre, le pâtissier du roi, maîtrisait parfaitement l'art du baba, et les enfants qui en mangeaient, en restaient de même. Hélas, le cousin Mahmoud n'avait ni courtoisie, ni politesse : à chaque fois qu'ils partageaient un gâteau, il prenait systématiquement la plus grosse part.

« Quand on est poli, m'a enseigné ma gouvernante, on prend la plus petite portion, lui reprocha Zéphyr.

– C'est bien celle que tu as, alors de quoi te plains-tu, ricana Mahmoud ? Au partage de la politesse, tu as gagné le gros lot. Pour ma part, je suis plutôt intéressé par la mienne. »

Ibliss accourut : il s'ennuyait à mourir au palais du roi Chahzamane. Pas de voyages en perspective, pas de ragots savoureux sur les mœurs du palais, pas d'intrigues compliquées, pas de nouvelle courtisane versatile, bref un bonheur insipide.

L'algarade entre les deux enfants réveilla sa torpeur et il s'intéressa à leur différend.

« Nous allons partager autrement le gâteau, décida Zéphyr. Je vais couper le gâteau en deux, et tu choisiras la portion que tu désires. Je vais naturellement couper deux parts aussi égales que possible. Il me sera alors indifférent que tu prennes l'une ou l'autre.

– Tout le monde est ainsi content : chacun a le sentiment d'avoir reçu au moins sa part, et que l'autre n'a pas reçu plus que lui, ajouta Ibliss. Attention, ces deux sentiments sont différents quand il y a plus de deux participants. Nous allons voir la distinction dès maintenant, car la petite Samkolsoum est venue se joindre à nous. »

Samkolsoum, fille d'armateur, était vive et replète. C'était la meilleure amie de Zéphyr. Elle apportait une bague, un collier, et un bracelet que son père lui avait donnés, en lui demandant de partager les bijoux avec ses deux amis. Comment faire ?

« Je préfère évidemment la bague, dit Mahmoud, cela va mieux aux garçons et elle vaut plus. »

Zéphyr et Samkolsoum plaçaient chacune la bague en troisième choix, aussi ne virent-elles pas d'inconvénient à ce que Mahmoud s'en saisisse ; elles étaient persuadées que le bracelet ou le collier valaient deux fois plus que la bague. Si l'une avait préféré le collier et l'autre le bracelet, tout aurait été simple. Hélas, elles préféraient toutes deux le collier et en deuxième le bracelet.

	Ordre des préférences		
	Bague	Collier	Bracelet
Zéphyr	3	1	2
Samkolsoum	3	1	2
Mahmoud	1	2	3

Elles tirèrent au sort qui aurait le collier. C'est Zéphyr qui gagna. Son hurlement de joie réveilla la moitié du palais.

« Vous voyez, expliqua Ibliss : chaque participant a le sentiment d'avoir reçu plus que sa part, c'est-à-dire le tiers du total. Toutefois, Samkolsoum n'est pas contente parce qu'elle estime que Zéphyr a reçu plus qu'elle. Le partage est proportionnel, mais il n'est pas plaisant. »

Ils examinaient la subtile différence de signification entre ces mots, quand un serviteur apporta une tarte pour les trois enfants.

« Pouvait-on, demandèrent-ils à Ibliss, la partager de façon proportionnelle et plaisante ?

– Une solution est de couper un rayon de tarte et de déplacer progressivement le couteau, pointe au centre. Dès que l'un d'entre vous estime qu'il a plus que le tiers, il crie stop et il prend la part coupée.

Puis on recommence le partage pour les deux autres.

– Dès qu'il n'y a plus que deux participants, on peut pratiquer la technique, je coupe tu choisis, remarqua Zéphyr. Là le partage est plaisant et proportionnel.

– Juste, dit Ibliss. Allons-y. »

Samkolsoum, de nature anxieuse, cria « Stop » la première, et Zéphyr, aux nerfs d'acier, eut la dernière part, la plus grosse. Dans cette technique, il est psychologique d'attendre : c'est le dernier qui est le mieux servi.

« Hélas, la méthode ne fonctionne pas pour les bijoux que l'on ne peut couper, remarqua Zéphyr. Le partage du butin des pirates qu'arme ton père doit être sanglant, ajouta-t-elle pour Samkolsoum. Je me demande d'ailleurs comment ton père s'est attribué le bracelet, la bague et le collier. »

En regardant par la fenêtre, ils virent deux gros et grands pirates barbus chargés de chaînes, qui étaient conduits vers la prison.

« Je doute que le partage leur ait été proportionnel et plaisant, nota Zéphyr. »

« Il est beaucoup plus facile de trouver des partages proportionnels, où chacun estime avoir au moins la fraction du total qui doit lui revenir, que des partages plaisants où chacun pense avoir au moins autant que les autres, commenta Chahrazade. Le procédé du couteau qui tourne n'est pas satisfaisant pour le mathématicien, car il demande une infinité de décisions à prendre, pour chaque position du couteau ; les mathématiciens préfèrent des algorithmes n'ayant qu'un nombre fini d'étapes. En 1944, le mathématicien Steinhaus découvrit un protocole proportionnel pour trois personnes en neuf étapes, et un protocole plaisant n'a été trouvé que dans les années 1960 par J. H. Conway ; le protocole plaisant pour quatre joueurs n'a été inventé qu'en 1995, et il comporte 20 étapes. »

À ce moment du récit, Chahrazade vit apparaître le matin, et discrète, se tut.

Dix-neuvième nuit

SUR DES CHARBONS ARDENTS

Un fois par an, les fakirs se retrouvaient tous à Samarkand pour leur fête annuelle. Toute la cour se déplaçait en groupe, le roi Chahzamane porté sur un fauteuil comme son rang l'y obligeait, et les courtisanes entourant le roi. Sauf cette originale de Laab, qui, curieuse de tout, s'éloignait du cortège. Chahzamane supportait ces incartades car Laab venait lui raconter ce qu'un roi, paresseux et digne, ne pouvait aller voir.

« Nous arrivons, Sire. Voici la place aux fakirs, s'exclama Laab. Comme c'est intéressant ! »

La cour admira les avaleurs de feu et de sabre, les tours de carte, les objets lévitants*, le tour de la Malle des Indes. Ibliss boudait un peu. Il voulait expliquer tous les tours des magiciens, mais personne ne l'écoutait vraiment. Ibliss prenait le monde en grippe, car si l'on pardonne à ceux qui vous ont ennuyés, on ne pardonne pas à ceux que l'on a ennuyé. Heureusement, il avait finalement réussi à intéresser Laab à ses propos.

Au détour d'une rue, on préparait un lit de braise, car un fakir avait promis de le traverser à pied. Il se préparait en se lavant les pieds à grande eau.

---

* Garantis pour longtemps.

« Mais il va se brûler, cela va être atroce**. Allons ailleurs, supplia Irvana, fille de Chahzamane.

– Non, restons, cela me rappellera mon palais natal, mon foyer, où mon père faisait rôtir les opposants au régime, ricana Yatagan. »

Ibliss était en grande conversation avec Laab. Soudain, elle claqua dans ses mains et se précipita vers Chahzamane.

« Ce n'est pas douloureux, je vais y aller aussi, s'exclame Laab. »

Chahzamane écrasa une larme.

« Ma favorite va brûler, gémit-il.

– Il te restera ta fille, sur laquelle tu pourras concentrer tes largesses, susurra Irvana !

– Ce n'est pas dangereux si l'on s'y prend bien, affirma Ibliss. Regardez comme le fakir se prépare : il s'humidifie les pieds. »

« Ah », frissonna la foule, dans la langue du lieu. Le fakir avait commencé sa marche lente sur les braises et son visage ascétique*** ne reflétait aucune douleur.

Il termina sa marche pendant qu'Ibliss expliquait.

« Au contact des braises, l'eau sur la peau des pieds d'Ibliss se vaporise et forme une couche de vapeur. Cette couche est mauvaise conductrice, aussi la chaleur ne passe que très mal des braises aux pieds, qui ne sont pas trop chauffés. Le fakir a bien fait de se mouiller les pieds avant.

– Je suis prête, cria Laab. J'ai parlé au fakir, il veut bien que j'essaye. »

Le fakir, qui s'était approché, transpirait plus en regardant Laab que lorsqu'il traversait les braises.

« La transpiration régénère l'eau qui, en se transformant en vapeur, te protège momentanément. Alors ne va pas trop vite, lui conseilla Ibliss, sinon tes pieds s'enfonceront dans les charbons ardents.

– Cette fille est courageuse, remarqua Chahzamane. Et vous, Yatagan, avez-vous compris les explications d'Ibliss ?

– Évidemment, répondit le fier-à-bras, c'est facile.

– Alors, allez-y. »

** Celui qui craint la souffrance souffre déjà de ce qu'il craint, a dit Montaigne.

*** Un vrai visage ascétique n'en a pas.

Yatagan prétexta qu'il avait des sabres à affûter et s'éclipsa.

« Comprendre les lois de la physique et les vérifier sur soi-même sont deux choses différentes, nota sagement Chahzamane. Il faut du courage.

– Ou de l'inconscience, l'interrompit la jalouse Irvana****. »

Ibliss expliqua que des auteurs reprendraient l'idée. Ainsi Jules Verne sauve son héros Michel Strogoff de la cécité. Les Tartares, qui l'ont capturé, pensent l'aveugler en approchant de ses yeux une lame

rougie au feu. Heureusement, Michel Strogoff voit sa mère et des larmes lui montent aux yeux, larmes qui, en se vaporisant, isolent ses yeux de la chaleur.

« Regardez, elle est partie, cria Zéphyr de l'adolescence, à qui l'on avait interdit de venir, mais qui avait réussi à se cacher dans la foule des accompagnateurs du roi. »

**** Parmi les hommes craintifs, les plus dangereux sont ceux qui craignent de ne pas paraître assez hardis, devait penser Irvana, comme Auguste Detœuf après elle.

Laab respirait vite, mais elle traversa les braises courageusement, un peu trop vite à la fin, et se jeta dans les bras du fakir, également ému. Ce n'est qu'à la fin du parcours que sa foi dans les lois de la physique flancha légérement !

Zéphyr, pratique, se précipita avec une bassine pour asperger d'eau ses pieds.

« Alors, interrogea-t-elle Laab ?

– Alors, cela chauffe un peu vers la fin, mais c'est supportable. Veux-tu essayer ?

– Mais vas-y ma fille, toi qui prétends n'avoir peur de rien, lui dit Irvana.

– Je ne suis pas sûre d'avoir bien compris ce qui protège les pieds, répondit Zéphyr, j'ai encore des lacunes en physique, aussi je risquerais de me brûler. D'autre part, je suis loin d'avoir la sagesse des fakirs : mes chakras nécessitent une bonne injection de prana pour s'aligner avec mon chi*****. »

« Les cuisiniers testent la bonne température de leur poêle (pour les crêpes) en y projetant des gouttes d'eau, continua Chahrazade. Quand la température est basse, les gouttes s'étalent sur la poêle, et s'évaporent rapidement. Quand la température est suffisamment élevée, les gouttes dansent sur la poêle, vibrent et courent d'un bord à l'autre. Plus la poêle est chaude, moins les gouttes s'évaporent vite ! C'est que la couche de vapeur d'eau protège la goutte avant qu'elle ne s'étale et l'isole de la chaleur de la plaque. De plus, comme pour les marcheurs sur les braises, l'évaporation de l'eau refroidit la goutte. Cet effet a été découvert par le médecin allemand Leidenfrost en 1756. »

À ce moment du récit, Chahrazade vit apparaître le matin, et discrète se tut.

***** Ce vocabulaire, tiré des philosophies hindoues, est utilisé par les membres de sectes telle que *New Age*. Tous les phénomènes bizarres ou mal expliqués sont tenus pour des manifestations des pouvoirs de l'esprit sur la matière. Cet « esprit » pourrait s'éduquer selon des concepts que d'aucuns qualifient d'ésotériques.

VINGTIÈME NUIT

LES SUPER-TÂCHES

Un jeune mathématicien dénommé Hossein, élève d'un élève du grand Bourbaki, avait été invité à la cour du roi Chahzamane. Il n'était question, depuis quelques jours, que de mathématiques.

« Il faut avouer qu'il est beau, admit Irvana. Jamais les jeunes filles n'ont été aussi friandes de mathématiques. J'avoue que j'ai moi-même quelques penchants pour la plus belle des sciences. »

Le géologue royal, à qui l'on avait ravi la vedette, était morose. Aux mots « la plus belle des sciences » il haussa les épaules en grommelant.

Entouré d'un aréopage qui buvait ses paroles, le jeune mathématicien expliquait, à grands coups de formules, comment la somme 1 + 1/2 + 1/4 + 1/8, etc. était égale à 2.

« Pas besoin de toutes ces formules, l'interrompit le géologue royal. Prenez un ruban de tissu de 2 mètres. Placez une marque à la moitié de sa longueur, c'est-à-dire à un mètre de l'extrémité, une autre à la moitié de la moitié, c'est-à-dire à un demi-mètre de la précédente marque, une autre, etc. Vous voyez que la somme des longueurs de tous les morceaux du ruban est égale à deux mètres. Et hop. Nul besoin de toutes ces simagrées pour étudier la nature. »

L'argument était fort, mais le mathématicien avait pour lui la nouveauté et le charme. Match nul, décréta l'auditoire.

Le maître de philosophie intervint pour disserter d'un certain Achille, Grec de son état, qui poursuit une tortue. Bien que courant plus vite que la tortue, il ne la rattrape jamais, disaient les philosophes : il fait la moitié de la distance qui le sépare de la tortue, puis la moitié de la distance qui l'en sépare à nouveau, etc. et il n'a jamais fini.

« Il parcourt chacune de ces longueurs en deux fois moins de temps que la précédente, dit le mathématicien, et vous voyez qu'au bout du compte il aura rattrapé la tortue. Une somme d'un nombre infini de termes peut être finie, ici elle est égale à 2. Et hop, comme dirait notre ami, le géologue royal. »

Devant la coalition du mathématicien et du géologue, momentanément alliés contre lui, le philosophe était désemparé. Il était si triste que Zeph alla lui parler gentiment, et, pour le consoler, lui donna un manuscrit qu'un de ses amis venait d'envoyer à son grand-père, le roi Chahzamane.

« Je l'ai déjà et je ne l'ai pas lu, lui avait dit le roi. Ou on est bibliophile, ou on est lecteur. Il faut choisir. Je suis collectionneur. Fais-en ce que tu veux. »

Le philosophe s'en empara, et le lut d'une traite. Le lendemain, il convoqua la cour : un sourire illuminait ses traits cernés.

« Voyez ces deux plateaux et cette bille, dit-t-il.

– Il commence par un exemple et non par une théorie, c'est un progrès, ironisa le géologue.

– Et bien, je mets la bille pendant une seconde dans le plateau de gauche, pendant une demi-seconde dans le plateau de droite, pendant un quart de seconde dans le plateau de gauche, etc. Voyez-vous la loi, monsieur le mathématicien ? »

Ce dernier était pâle, car il craignait ce qui allait suivre.

« Donc, après deux secondes, continua le philosophe, les transferts de bille d'un plateau à l'autre sont terminés. Et la bille est dans un plateau ou dans un autre. Dans quel plateau est-elle, messieurs les savants ?

– La question est intéressante, mais de peu de portée pratique, affirma le géologue. Vous ne pourrez, à la fin du processus, transporter suffisamment vite les billes d'un plateau à l'autre. Un transport infiniment rapide viole les lois de la relativité d'Einstein et les principes de la mécanique quantique. »

Le géologue fut conspué.

« Dire que la bille est dans un plateau ou dans un autre revient à affirmer qu'il y a un dernier élément à la suite 1, 1/2, 1/4, etc.

Comme il n'y a pas de dernier terme, la question n'est pas bonne, affirma le mathématicien. »

Le mathématicien fut hué.

« Avec ce type d'arguments, siffla de colère la jeune Zéphyr, Achille ne rattrape pas la tortue. Quand les mathématiciens ne savent pas, ils disent que le problème est mal posé. C'est indigne ! »

Le roi Chahzamane interrompit les criailleries.

« Cette machine m'intéresse, dit-il. Vous vous souvenez de mes difficultés passées pour calculer tous les chiffres de π. Trouvez-moi cette machine, réglez-la de façon qu'elle calcule une décimale en une seconde, la suivante en une demi-seconde, la troisième en un quart de seconde, etc. Au bout de deux secondes, elle aura calculé toutes les décimales de π dont j'ai besoin pour recenser les livres de ma bibliothèque. Cela me coûtera ce que cela me coûtera, mais je veux cette machine. »

Il prit l'air satisfait du mécène généreux dont les dons suscitent de gigantesques progrès dans les sciences et les arts. Toutefois, sévère, il ajouta :

« Vous avez intérêt à travailler à la machine, sinon, dans un premier temps, je coupe vos crédits de recherche et, dans un second temps, je vous confie à Yatagan. »

Le philosophe, le mathématicien et le géologue étaient interloqués. Ce fut le philosophe qui trouva l'issue salvatrice.

« Bien sûr, nous allons étudier la question. Dans un premier temps, nous allons créer une commission interdisciplinaire multifonctionnelle intégrée de définition du problème infini. »

Le roi n'écoutait plus. En revanche, nos trois comparses souriaient, car ils savaient ce que parler veut dire. Et pour parler, les commissions…

« Ces super-tâches qui jouent avec les propriétés finies de l'infini restent énigmatiques, conclut Chahrazade. Le mathématicien anglais John Littlewood (1885-1977) en inventa une moins connue : des billes sont numérotées 1, 2, 3, etc. Une minute avant minuit, on place les billes 1 à 10 dans un chapeau et on enlève la bille 1. Une demi-minute avant minuit, on place les billes 10 à 20 dans le chapeau et l'on enlève la bille 2. Un tiers de minute avant minuit on place les billes 20 à 30 et on retire la bille 3. Et ainsi de suite. À minuit, combien y a-t-il de billes dans le chapeau ? Aucune, répond Littlewood car n'importe quelle bille, la numéro 106 par exemple a été retirée à la 106e opération, 1/106e de minute avant minuit.
Dans la même veine, le mathématicien Bertrand Russell raconte l'histoire de Tristram Shandy qui passe une année à écrire l'histoire de la première journée de sa vie, une année à écrire l'histoire de la seconde journée, etc. "Si Shandy est immortel, aucune partie de sa biographie ne restera à l'état de projet, remarque Russell, car à chaque jour correspond une année d'écriture." Toutefois, le retard s'accumulera indéfiniment. »

À ce moment de la narration, Chahrazade vit apparaître le matin, et discrète, se tut.

VINGT-ET-UNIÈME NUIT

LE NŒUD DE L'INTRIGUE

« Et voici le nœud de cabestan, et le nœud de chaise, et… le nœud coulant. Et voici le nœud de huit, le nœud plat, le nœud de vache, le nœud de charpentier, et le nœud de capelage. J'ai décidé de collectionner les nœuds, mon cher Abdalah, et mon bon ami le marchand El Aschar m'en procure de nouveaux tous les jours. Tous plus compliqués, tous plus beaux que les précédents. »

Le roi Chahzamane avait une nouvelle passion et comptait l'exposer à la convention des Arts et des Techniques. Il avait convoqué le journaliste Abdalah pour avoir un bon compte-rendu avant l'ouverture. Le quotidien qu'avait créé Abdalah était un journal à sensation, et il fallait se concilier les bonnes grâces de cette puissante presse.

« Pourquoi dans ces nœuds les extrémités sont-elles raboutées, demanda Abdalah ?

– Ce sont les nœuds des mathématiciens. On les fabrique avec une cordelette que l'on noue, puis dont on réunit les extrémités. Les nœuds habituels aux extrémités libres sont trop simples à dénouer : il suffit d'être patient et de faire glisser une extrémité à travers toutes les boucles.

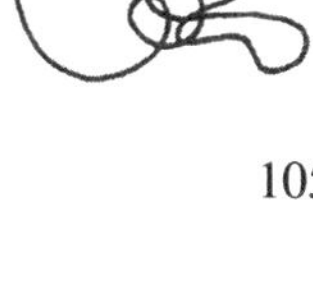

– A-t-on le droit de transformer ces nœuds de mathématicien, par exemple en élargissant cette boucle, ou en faisant passer un brin sous l'autre, interrogea Abdalah ? »

Chahzamane était heureux de l'intérêt du plumitif. Il se hâta de répondre.

« On peut faire à peu près tout sans changer la nature du nœud, sauf couper un brin. Regardez mon dernier achat, comme il est beau et compliqué. El Aschar a beaucoup progressé depuis le premier nœud tout simple qu'il m'a envoyé, le nœud qui consiste en une seule boucle. »

Abdalah recopia le nœud compliqué sur son carnet, remercia son hôte, avala goulûment quelques friandises, but quelques coupes de vin, et s'en fut, sans un regard sur les habitants et les agréments du palais.

Et pourtant le spectacle était incongru. Presque toutes les courtisanes s'étaient mises au tricot, au point de riz, lequel, comme chacun sait, est équivalent au nœud de trèfle. C'est le plus facile des nœuds après le nœud en boucle simple. C'est pour cela qu'il est si aisé de défaire un tricot : il suffit d'opérer à l'inverse du tricotage en faisant passer toutes les boucles à travers l'une de l'autre. C'est-à-dire tirer sur un fil.

« Une maille à l'endroit, une maille à l'envers, ricana Laab. Ce n'est plus un harem luxurieux aux parfums enivrants, c'est un ouvroir de vieilles punaises qui sent la naphtaline. Plus de chants voluptueux, plus de musiques envoûtantes, un cliquetis assourdissant d'aiguilles. »

Le tricot n'était pas sa tasse de thé. Elle regarda par la fenêtre et reconnut Abdalah qui, dans la cour, s'escrimait avec une cordelette. Soudain Abdalah poussa un cri de joie, ce qui fit frissonner Laab. Elle connaissait son bonhomme. L'animal était… ficelle.

Abdalah se mit à courir en criant « Je le tiens, je le tiens » et se précipita vers la boutique d'El Aschar.

Celui-ci accueillit Abdalah avec inquiétude. Le sourire des uns attriste les autres.

« Vous avez trop tiré sur la corde, El Aschar, dit Abdalah. Vous avez profité de l'innocence mathématique de notre bon roi Chahzamane. Regardez le nœud compliqué que vous lui avez vendu fort cher. Et bien, en tirant sur ce brin et en faisant passer cette boucle sous celle-ci ce nœud est le même que le nœud simple que voici*. Ô le vilain malfrat ! Ô le malhonnête ! Je me demande comment vous pourriez me convaincre de passer sous silence vos turpitudes. »

* Un malheureux dénouement.

El Aschar n'en menait pas large. Il prétexta que les meilleurs mathématiciens ne savaient pas toujours reconnaître qu'un nœud était équivalent à un autre, que sa bonne foi était surprise, mais Abdalah frottait en souriant son pouce contre son index en une suggestion insistante.

El Aschar avait déjà dû beaucoup payer Abdalah pour que celui-ci ne passe *pas* de réclame pour ses industries dans son journal. Ce journal était plein de publicités pour les industries les plus crapuleuses, et Abdalah les faisait payer très cher. Il rackettait aussi les marchands qui ne voulaient pas apparaître dans une telle presse : Abdalah les menaçait de passer de la publicité qu'il rédigerait lui-même, s'ils ne se montraient compréhensifs. El Aschar, qui avait aggravé son cas, fut doublement taxé, et il s'exécuta, car il craignait la diffamation et la colère du roi.

Abdalah exultait.

« Et maintenant, Chahzamane, à nous deux », s'exclama-t-il.

Il voulait attendre l'inauguration de la convention des Arts et des Techniques pour dévoiler la naïveté et le manque de discernement de Chahzamane. Des empires étaient tombés pour moins que cela. Il demanda une nouvelle audience au roi, qui l'autorisa à revisiter sa collection. Abdalah nota que d'autres nœuds,

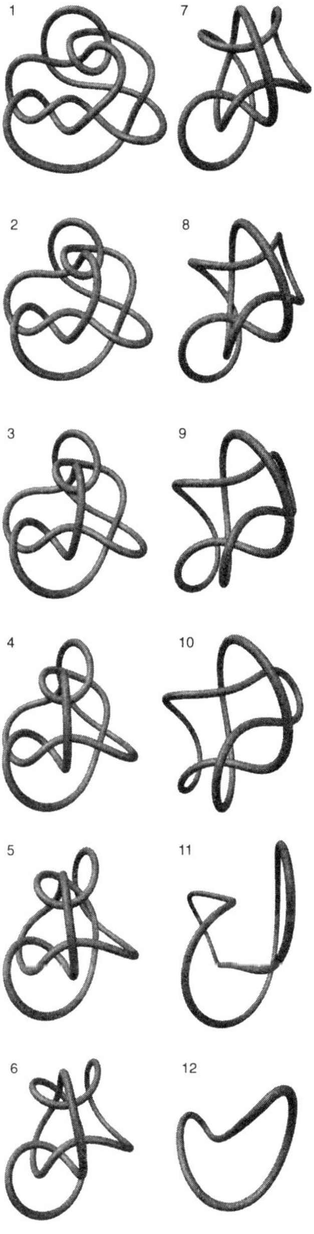

Le dénouement

considérés comme nouveaux, étaient équivalents. Il tenait son esclandre et ricanait de bonheur.

Mais Laab menait son enquête parallèle.

L'inauguration avançait. On avait dévoilé les expositions mineures, et on attendait la venue du roi. Enfin un mouvement de foule annonça son arrivée. Il portait un magnifique chandail tricoté par sa fille Irvana. Les favorites du roi portaient, qui un passe-montagne, qui des moufles, qui des jambières. En ce mois d'août caniculaire, cet accoutrement surprenait beaucoup.

Le fourbe Abdalah attendait son heure, et un rictus déformait son visage. Il s'avançait vers le roi, quand Laab le prit par le bras pour lui parler.

« Souviens-toi, lui dit-elle, quand tu écrivais des articles tels que celui-ci. Je lis :

"Le roi, ce poussah ventru, ce monarque falot et d'une rare stupidité..."

Dois-je continuer ? Tu les signais Haladba. Mais ma sœur était à l'époque ton amie, et elle a conservé les brouillons. Mon silence contre le tien, mon cher Haladba. »

Abdalah ne demanda pas son reste… et le bon roi Chahzamane ne sut rien du péril qui l'avait menacé.

« À la fin du XIXe siècle, les physiciens Tait et Thomson établirent les bases de la théorie des nœuds. Ils pensaient que les liaisons entre molécules résultaient de nœuds de l'éther, tous différents, raconta Chahrazade. L'hypothèse était inexacte, mais la théorie des nœuds était née. Aujourd'hui, les physiciens et les mathématiciens étudient une généralisation, qui est la théorie des cordes.

Pour les nœuds, la question principale reste ouverte : comment peut-on dire si deux nœuds sont différents ? Une notion intéressante, celle d'invariant, a été appliquée au nœud : un invariant est une propriété du nœud qui reste "invariante" quand on transforme un nœud en faisant passer une boucle sous l'autre par exemple, sans le couper. Malheureusement les mathématiciens cherchent encore un invariant qui caractérise complètement un nœud.

Les nœuds, initialement l'art du marin, ont envahi toutes les disciplines, en biologie pour étudier les propriétés de l'ADN, en physique où les propriétés des polymères dépendent de la façon dont ils sont noués, jusqu'à la chimie où l'on sait aujourd'hui fabriquer des molécules nouées. »

À ce moment de la narration, Chahrazade vit apparaître le matin, et discrète, se tut.

VINT-DEUXIÈME NUIT

LE PARLER VRAI

Sindbad décrivait son dernier voyage, et ses récits, dramatiques, étaient passionnants.

« Quel conteur, pensait Irvana, admirative.

– Ceux qui ne savent pas raconter ne méritent pas de voyager ; ils ne nous rapportent rien de leurs expéditions, remarqua Zéphyr de l'adolescence. »

Sindbad, qui n'aimait pas être interrompu, s'était arrêté. Le roi Chahmazane fronça les sourcils et tança les bavardes. D'un geste de la main, il invita Sindbad à poursuivre.

« La mer devenait forte, continua Sindbad, et une puissante houle martelait les flancs du navire. On ne voyait pas le ciel à travers les nuages, et des éclairs zébraient l'horizon. Une vague gigantesque avait arraché une des rames qui servaient à gouverner, et le contrôle du navire était bien difficile. Le navire tenait l'eau… qu'il avait embarquée. Je surveillais la coque qui heurtait les récifs, prêt à prévenir l'équipage d'une voie d'eau*. Nous étions inquiets, nous étions épuisés.

"Terre", cria la vigie.

* Heureusement, il n'y avait rien de neuf à la coque.

Je reconnaissais le dessin de la côte dans les brumes de l'horizon. Le pays s'appelait l'Elpénie et, hélas, il avait mauvaise réputation. Aucun voyageur n'en était jamais revenu et les marins n'y abordaient plus.

“Nous sommes certains de périr noyés, affirma Giaffar, mon second, aussi avons-nous le choix ? Nous devons affronter les dangers de l'Elpénie !”

Les talents logiques de Giaffar sont connus de tous ; aussi avons-nous suivi son conseil, et abordé dans l'unique baie d'Elpénie. Là, des soldats se saisirent de nous et nous entraînèrent au palais. Sans nous permettre de nous réchauffer, ni de nous reposer, les soldats nous conduisirent dans la salle des décisions de justice où trônait Deuk Anar**, l'Émir d'Elpénie. La décoration de la salle était d'un goût douteux ; le rouge et le noir abondaient, dans leur inquiétante association.

“Les Elpéniens n'aiment pas beaucoup les étrangers, tous puants, leur affirma Deuk Anar. Toutefois, dans notre bienveillance, nous leur offrons une chance, dit-il en ricanant.”

Nous frémissions de froid, de faim, et de terreur. Heureusement, notre intelligent Giaffar restait concentré et attentif. Sans Giaffar, nous ne serions pas ici.

“Notre bourreau va vous poser une question. Si, en répondant, vous dites la vérité, vous serez immolés à la Déesse de la Vérité, continua Deuk Anar. Si vous mentez, vous serez sacrifiés à l'Idole du Mensonge. Telle est notre hospitalité pour les étrangers... Appelez le bourreau.”

Les marins étaient terrorisés. Il leur semblait ne pouvoir échapper à leur fatal destin, car l'Elpénie n'avait pas supprimé les condamnations à mort***. Seul Giaffar conservait espoir.

Ventru et musculeux, le bourreau entra dans la salle, en traînant un sabre gigantesque.

“Posez votre question, bourreau subtil et cruel, lui ordonna-t-il.”

Appuyé sur son sabre, le bourreau demanda qui voulait commencer.

** À cause du « magret », évidemment. Et aussi, entre autres, selon le Commissaire de ce nom.

*** Sauf pour le bourreau, qui ne pouvait être exécuté. Toute tentative de suicide lui était interdite, sous peine de prison, mais la peine capitale ne lui était pas applicable.

“Je suis le premier, répondit Giaffar.” »

Une rumeur se répandit dans l’assistance du roi Chahmazane, et Laab exprima l’admiration générale en battant des mains :

« Quel courage. Comme nous aimons déjà Giaffar ! »

Le roi Chamahzane acquiesça.

« Courageux, et comme vous allez le voir, salvateur. Donc, reprit Sindbad, Giaffar s’avança, défiant le bourreau du regard.

“Pose ta question, boucher, lui intima-t-il.”

D’une voix caverneuse, le bourreau l’interrogea.

“Quel sera ton supplice, lui demanda-t-il ?”

Les marins se tordaient les mains. À la perversité, le bourreau ajoutait le cynisme. Giaffar est perdu, pensaient-ils.

Notre héros logicien pesa sa réponse un instant. Puis, assuré, répondit.

“Je serai immolé à votre Idole du Mensonge, affirma-t-il.”

Un rictus déforma le visage déjà torturé de l’Émir d’Elpénie. Il ne pouvait appliquer sa loi. »

« Voyez-vous pourquoi, demanda Sindbad ?

– J’ai compris, s’écria Laab. Si le bourreau sacrifiait Giaffar à l’Idole du Mensonge, alors celui-ci avait dit la vérité, et il aurait du

être tué sur l'autel de la vérité. Mais si le bourreau immolait Giaffar devant la Déesse de la Vérité, alors il avait menti, et aurait dû périr devant l'Idole du Mensonge. La situation était inextricable. »

Sindbad acquiesça.

« La réponse de Giaffar créa un grand tumulte à la cour de l'Émir. Le bourreau s'était assis pour réfléchir. La tête dans ses mains il était perdu dans ses réflexions contradictoires. L'Émir et son amante conversaient avec les conseillers. Nous avons profité de la confusion pour nous saisir de son sabre, je me suis saisi de l'épouse de l'Émir que nous avons traînée en otage, jusqu'aux cuisines royales où nous avons rempli nos sacs de provisions. Puis nous sommes retournés à notre navire, toujours en compagnie de notre otage, le tranchant du sabre sur sa gorge. Nous avons repris notre bateau, car la tempête s'était apaisée, bordé le foc, souqué l'écoute de la grand-voile, et viré de bord. À distance raisonnable du rivage, nous avons balancé la femme par dessus bord****. Et nous voilà, termina Sindbad. »

Chahmazane était debout et applaudissait Giaffar et Sindbad triomphants. Même le petit mousse arborait un air vainqueur*****. L'assemblée trépignait de joie.

« L'Émir d'Elpénie était piégé. Il ne pouvait échapper à la contradiction, affirmait Laab.

– Savoir que les mots sont trompeurs ne permet pas de déjouer leur piège, remarqua Giaffar.

– Croyez-vous, dit Irvana ? Il aurait pu affirmer : "J'ai le droit de me contredire."

– Certainement pas, rétorqua l'impatiente Laab, avant que Giaffar n'ait pu répondre. Si l'on applique cette phrase à elle-même, il a le droit de se contredire, quand il prétend pouvoir se contredire. Donc l'Émir ne pouvait pas se contredire… »

« Le paradoxe existe déjà dans Don Quichotte, continua Charhazade. La loi était ainsi conçue : "Si quelqu'un passe sur ce pont d'une rive à l'autre, il doit jurer premièrement en quel lieu et vers quelles personnes il va. S'il dit la vérité, qu'on le laisse passer, et s'il profère un mensonge, qu'il soit pendu à ce gibet sans aucune rémission."

**** L'amante à l'eau.

***** La défaite est orpheline, mais la victoire a de nombreux pères.

Or il arriva qu'en faisant jurer un homme, celui-ci dit que, par le serment qu'il faisait, il s'en allait mourir à ce gibet qui était proche, et qu'il n'allait pas faire autre chose.
Il a juré la vérité, et de par la loi il mérite d'être libre et de passer le pont. Mais si on ne le pend point, il a juré un mensonge, et par la même loi, il mérite d'être pendu. »

À ce moment de la narration, Chahrazade vit apparaître le matin, et discrète, se tut.

VINGT-TROISIÈME NUIT

LES FEMMES INFIDÈLES

La peste des hommes mariés, pensait Laab ! Toujours soupçonneux, toujours inquiets.

« Je ne me marierai jamais, s'exclama-t-elle à haute voix.

– Et avec qui une favorite du roi pourrait-elle vouloir se marier, grogna Chahmazane ? »

Le roi était colère. Une grande part des femmes de la cour étaient infidèles. L'Émir de la police, ravi de l'efficacité de ses services* l'avait prévenu : sur les 40 maris de la cour, 10 étaient trompés. Bien sûr, chacun connaissait les autres femmes infidèles, mais bien évidemment il ignorait si la sienne l'était : un homme trompé est toujours le dernier à connaître son infortune.

Chahmazane expliqua la situation à Laab, qui n'était guère compréhensive.

« Pourquoi vous mêlez-vous de ces histoires de couples, Sire ?

– Je dois punir. Si toutes les femmes étaient infidèles, ce serait plus facile. On les exécuterait toutes. Mais certaines ne le sont pas… encore.

– La coutume est barbare, s'exclama Laab.

– Mais c'est notre loi. De plus, elles doivent périr des mains de leur mari. Mais le mari est le seul qui ne sait pas… Comment faire ?

---

* Les manquements à la morale plaisent, à la fois, à ceux qui les pratiquent et à ceux qui font profession de les combattre.

– Demander à Ibliss. Cela me ferait plaisir de le revoir. »

Ils firent venir le djinn, tout joyeux de se rendre utile. Laab lui exposa le problème en quelques mots.

« Aisé, dit le djinn. Promulguez un décret, annonçant que certaines femmes de Samarkand sont infidèles. Et que chaque mari doit punir sa femme dès le matin où il est certain du manquement de son épouse.

– Essayons dit le roi, mais je ne vois pas en quoi cela sera efficace, car un mari ignorant ne peut punir. »

Le grand vizir réunit les hommes de la cour du roi et leur apprit le décret. Beaucoup se prirent à rire, poussant du coude leur voisin et lui indiquant que certaines personnes de leur connaissance auraient intérêt à aiguiser leur sabre. Hélas, le voisin savait souvent l'infortune de l'interlocuteur, et cela nuisait à l'entrain de la conversation.

« Que va-t-il se passer, demanda Laab ?

– Réfléchis et attends, répliqua le djinn. »

Le premier matin, rien ne se passa. Dix femmes infidèles poussèrent un ouf de soulagement. Le second matin, aucune exécution, le troisième matin, rien non plus. Les dix infidèles respiraient. À tort : le dixième jour, elles passèrent toutes de vie à trépas.

« J'ai compris dit Laab. Chaque mari trompé connaissait neuf femmes infidèles. Chaque mari non trompé en connaissait dix. Le matin du dixième jour, chaque mari trompé se tint le raisonnement suivant :

“Si ma femme était fidèle, comme je connais neuf femmes infidèles, les neuf maris trompés auraient exécuté leur femme le matin du neuvième jour. Comme aucun ne l'a fait, c'est qu'il y a dix femmes infidèles, dont la mienne. Demain matin, ma vengeance éclatera.”

– Et comme les maris non trompés connaissent dix femmes infidèles, ils auraient attendu un jour de plus, ajouta Ibliss. »

Le roi était perplexe. Il était content que son épouse ait été fidèle, alors que lui… Mais il ne comprenait pas le raisonnement.

Ibliss vint à son secours.

« Prenez des nombres moins grands, cela est plus facile, conseilla-t-il au roi. Imaginez qu'il n'y ait eu qu'une femme infidèle. Tous les maris la connaissaient, sauf le pauvre trompé. Comme celui-ci ne connaît aucune femme infidèle, c'est certainement la sienne, aussi l'occit-il le premier jour au matin.

– Aisé à comprendre, dit le roi. Et pour deux ?

– Chacun des deux maris trompés connaît une femme infidèle. Comme le premier jour, aucun ne tue sa femme, le second jour chacun d'eux sait que la sienne l'a trompé et il l'exécute.

– Je vous comprends fort bien, dit le roi. Combien il est intéressant de philosopher ainsi entre amis mathématiciens**.

– J'en connais une qui va être bien attrapée quand on saura qu'elle est fidèle, dit Laab. Elle se vante toujours de ses exploits amoureux.

– Qui est-ce demanda le roi ? »

Sans répondre, mais avec un petit sourire, Laab s'en alla en sifflotant.

Ibliss savait que c'était l'épouse de Chahmazanc, mais le roi n'a jamais su qu'il aurait dû être malheureux d'avoir une femme fidèle, qui se targuait pourtant de ne pas l'être***.

** Voir les travaux de Chichk et Bahb, « On the communicability of infidelity », *Sodome Journal of sexual transit*, et aussi Minar et du Soukh, « Sur la non-communicabilité de la fidélité », *Journal des transports en commun*.

*** Il aurait dû être désespéré de ne pas être désespéré. L'anxiété est une condition passagère et normale, et la seule source d'anxiété est de ne pas être, de temps en temps, anxieux.

Vingt-quatrième nuit

LE CATALOGUE DES CATALOGUES

Le roi Chahmazane était fier et heureux de sa bibliothèque. Il aimait s'y promener le soir, baigné du savoir du monde, et rêver aux efforts des hommes pour transmettre leurs connaissances. Des savants étrangers venaient y donner assaut à la sagesse* humaine consignée dans des ouvrages rares. Chahmazane les interrogeait sur leurs vies, leurs préoccupations et les coutumes des pays où ils vivaient. Il tirait profit de leurs expériences et ses visiteurs lui enseignaient autant qu'ils apprenaient dans ses livres.

Chahmazane déambulait pensif, devant les rayons où la douce lumière de la lune caressait la tranche des ouvrages. L'atmosphère était à la paix et au bonheur philosophique.

En ce temps-là, un linguiste travaillait au palais. Chahmazane décida d'aller lui parler et, pour parfaire son hospitalité, fit apporter dans la salle centrale un repas léger pour les intimes de sa cour et son visiteur. Léger… du point de vue de sa magnificence de roi gourmand : des soupes, des pâtés, des fruits et des entremets succulents. Le linguiste était à la fête, car il était assez rare qu'on le traite ainsi, habitué qu'il était aux en-cas des symposia. Il appréciait aussi d'être entouré de

* Sagesse n'est point folie, affirme le philosophe Joël Martin.

Laab, d'Irvana, et du petit logicien Giaffar. À son habitude, Zéphyr de l'adolescence taquinait Giaffar, car elle avait décelé son inclination pour Laab. Et quand Zéphyr avait mordu, elle ne lâchait plus.

Chahmazane interrompit leurs babillages et leurs taquineries.

« Reprenez un peu de ce vin, Monsieur le linguiste, et dites-moi comment je pourrais vous rendre cette bibliothèque plus agréable, ou plus commode. Je voudrais avoir la plus belle bibliothèque du monde.

– Vanité, que tout cela. Mon père est vaniteux, et tous ces livres ne lui ont pas appris grand chose, remarqua Irvana.

– Mais non, répliqua Chahmazane, je veux la plus belle bibliothèque pour qu'elle soit au service de tous.

– Puisque vous m'interrogez, répondit le linguiste, je voudrais qu'il existe des catalogues de vos livres, et de tous les livres qui sont éparpillés dans les bibliothèques de votre royaume. Ces catalogues seraient établis dans toutes les bibliothèques, publiques ou privées, et vous pourriez avoir la liste complète pour la placer dans votre bibliothèque.

– Et faire un catalogue des catalogues, suggéra Laab. Quelle bonne et utile idée. »

Le roi agit immédiatement et dépêcha des messagers dans tout son royaume. Tous les possesseurs de bibliothèque devaient établir le catalogue de tous les livres qu'ils avaient dans leur bibliothèque, en faire une copie pour eux-mêmes, et envoyer l'original au roi. Ils obtempérèrent.

Mais il y avait une difficulté que personne n'avait prévue. Le catalogue faisait partie des livres des bibliothèques ; aussi fallait-il inclure une mention du catalogue dans le catalogue d'une bibliothèque ou ne pas le mentionner ?

Irvana, le linguiste et Laab pensaient qu'il fallait mentionner le catalogue dans le catalogue, Zéphyr était d'avis contraire.

Ils reçurent des milliers de catalogues. Bien évidemment, certains avaient référencé le catalogue dans le catalogue de leur bibliothèque, d'autres pas... Le linguiste, pour faire son intéressant, remarqua que les premiers prenaient les instructions au pied de la lettre, et que les seconds faisaient preuve de plus d'indépendance d'esprit.

Le chef de la police de Chahmazane émit un nouveau souhait : pouvait-on faire le catalogue de tous les catalogues qui se mentionnent eux-mêmes, et le catalogue de tous ceux qui ne se mentionnent pas ?

Le logicien Giaffar restait pensif. Son visage torturé reflétait son débat interne. Il s'exclama soudain.

« C'est impossible !

– Qu'est-ce qui est impossible, mon bon Giaffar ? l'interrogea Laab, inquiète de la torture qu'il semblait subir.

– Le catalogue des catalogues qui ne se mentionnent pas eux-mêmes ne peut exister !

– Même si telle est ma volonté ? » interrogea Chahmazane.

Chahmazane commençait à s'agacer de l'indépendance d'esprit des scientifiques**.

« C'est impossible et un point c'est tout, rétorqua Giaffar. Imaginez que ce catalogue existe. C'est le catalogue de tous les catalogues qui ne se mentionnent pas eux-mêmes.

– Allez-y doucement, l'interrompit Laab, il faut réfléchir à fond à ce genre de notion.

** À Göttingen, grand centre de mathématiques dirigé par Félix Klein, il y avait deux ensembles de mathématiciens, ceux qui font ce qu'ils veulent et ceux qui font ce que leur commandait Klein. À quelle catégorie appartenait Klein ? À aucune. Donc Klein n'était pas mathématicien, ironisaient ses éléves.

– Alors de deux choses l'une : ou ce catalogue fait référence à lui-même, ou il n'y fait pas référence.

– Certain, approuva Zéphyr, il n'y a pas d'autres possibilités.

– Imaginons qu'il fasse référence à lui-même. Alors il fait partie de l'ensemble des catalogues qui se mentionnent. Mais il ne doit pas être inclus dans le catalogue des catalogues qui ne se mentionnent pas eux-mêmes.

– Donc il ne fait pas référence à lui-même, c'est simple dit Zéphyr.

– Mais alors, si tel est le cas, il fait partie des catalogues qui ne font pas référence à eux-mêmes, Donc, il est inscrit dans ce catalogue, le catalogue des catalogues qui ne font pas référence à eux-mêmes, et donc, il fait mention de lui-même. C'est impossible.

– Dans les deux cas nous avons une contradiction. Donc ce catalogue ne peut exister. De même, il n'existe pas d'ensemble de nombres ordinaires. »

Chahmazane était triste. On ne peut être sûr de rien***, maugréa-t-il. Aussi consulta-t-il le linguiste.

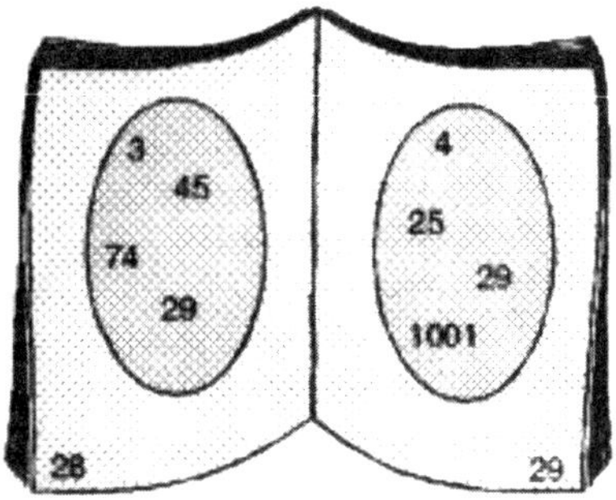

28 est un nombre ordinaire : il n'est pas membre de l'ensemble inscrit sur la page 28.

29 est un nombre extraordinaire : il est membre de l'ensemble inscrit sur la page 29.

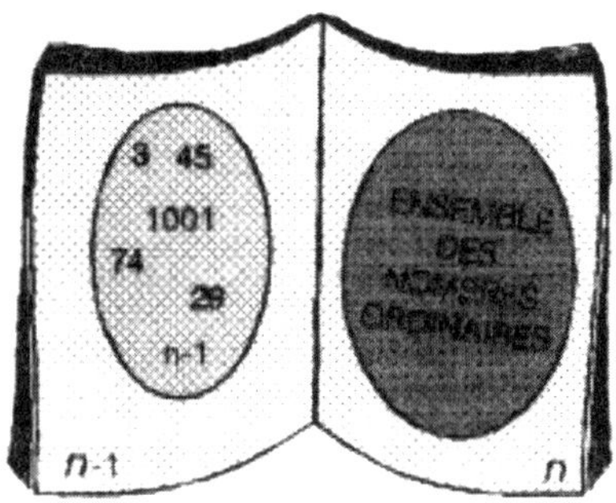

L'ensemble des nombres ordinaires n'existe pas car il ne peut pas figurer sur aucune page du livre.

*** Ni même du fait qu'on ne peut être sûr de rien…

« Que pensez-vous de cette histoire, l'interrogea-t-il ?

– C'est une difficulté que nous avons aussi rencontrée en linguistique, affirma celui-ci. Ainsi, on pensa longtemps qu'il y avait les adjectifs qui étaient auto-descriptifs, comme court, qui est un mot court, et les adjectifs non-auto-descriptifs, comme long, qui n'est pas long.

– Avez-vous d'autres exemples ? demanda Laab, intéressée.

– Par exemple polysyllabique, français, imprimé, sont auto descriptifs, alors que monosyllabique, allemand, rouge ne sont pas auto-descriptifs****.

– Et alors ? demanda le roi.

– Et alors comment classer non-auto-descriptif ? S'il est auto-descriptif, alors il est non-auto-descriptif, et s'il est non-auto-descriptif, alors il est auto-descriptif, sourit narquoisement le linguiste*****.

– Les mots inclassables forment une classe à part, nota Laab.

– Les logiciens du Moyen Âge se préoccuperont de la question, reprit Giaffar. Ils débattront longtemps pour savoir si un ensemble de choses peut être une chose concrète ou non******. Il faudra attendre le XXe siècle pour comprendre la nécessaire hiérarchie entre le mot qui désigne une collection d'objets et un de ces objets.

– Aussi quand le Président de la France, Jacques Chirac, dira : "J'aime les pommes, en général", il confondra la généralité des pommes avec le fruit pomme, remarqua Irvana.

– Et la généralité des pommes n'est pas une pomme. Confusion dramatique, confirma Giaffar, surtout pour les gaullistes qui se réclament du Général.

**** Attention : l'adjectif barbarismique, régulièrement formé, n'est pas un barbarisme : il n'est pas auto-descriptif, ce qui, sémantiquement, est curieux.

***** La partition d'éléments entre deux ensembles peut se révéler impossible : supposons que nous voulions séparer les nombres en deux ensembles, l'ensemble des nombres non remarquables et l'ensemble des nombres remarquables. Prenons le plus petit nombre non remarquable : en cela il est remarquable, et donc doit être classé dans les nombres remarquables où il perd alors son caractère. Et l'on peut continuer ainsi dans l'ensemble des nombres non remarquables... qui sont alors tous remarquables.

****** Le philosophe du XIVe siècle, Jean Buridan, celui de l'âne, alla même plus loin. Dans *Sophismata*, un de ses adages est : Personne ne croit cette phrase. Cette phrase est-elle vraie ? s'interroge Buridan. Si ce qu'elle dit est vrai, alors personne ne la croit et donc personne ne la sait vraie. Mais si elle est fausse, alors une personne au moins la croit vraie, ce qui fait qu'elle est fausse par la faute même de la personne qui la croit vraie.

– Confusion fréquente. On a souvent dit que Laab aimait l'Homme, mais cela signifie les hommes, une grande variété d'hommes. Cela ne peut signifier un homme particulier, mon pauvre Giaffar, ajouta la vipérine Zéphyr... »

« La possibilité qu'il existe un catalogue de tous catalogues ou des ensembles de tous les ensembles, avait été utilisée par le logicien Gottlob Frege, qui voulait édifier les mathématiques sur une base solide, raconta Charhazade. Le mathématicien Bertrand Russell lui envoya une lettre exposant le paradoxe et sa solution logique. Frege ajouta une note au second volume de son œuvre : "Un scientifique peut difficilement concevoir un événement plus désagréable que de voir les fondations de son œuvre s'écrouler alors que l'édifice est fini. Je me suis retrouvé dans cette situation après avoir reçu la lettre de M. Bertrand Russell." »

À ce moment de la narration, Chahrazade vit apparaître le matin, et discrète, se tut.

Vingt-cinquième nuit

L'ENFER DU JEU

Lune-du-Temps avait la gorge sèche et les mains moites : c'était à son tour de jouer, et elle se demandait si son redoutable adversaire, la belle Farizade, bluffait. Elle toucha son porte-bonheur, une pierre de basalte noire qu'elle avait rapportée de son voyage chez les Sregnarté, et relança d'une grosse somme. Farizade leva les yeux d'étonnement, et repoussa ses cartes : elle abandonnait. Les joueurs professionnels, tels que Farizade, savent s'arrêter.

Abnous, le mari de Lune-du-Temps, n'était pas joueur, mais accompagné du djinn Khoka, il admirait les richesses de la maison de jeu de l'île d'Énos. Et la beauté des joueuses. Khoka frémit en une mini tornade voluptueuse en voyant Farizade. Elle était d'autant plus dangereuse que sa beauté juvénile impressionnait Abnous.

« Méfions-nous, remarqua Khoka, ce fut la seule à ne pas payer le maître du jeu, le terrible Kassim.

– Pensez-vous qu'une femme aussi belle et aussi pure puisse être mauvaise ? s'enquit Abnous.

– La candeur des traits peut cacher une âme perverse, répondit Khoka. Les hommes ne savent pas cela. Je vais vous raconter comment elle trompa Kassim. »

Ils s'éloignèrent vers un salon où des rafraîchissements les attendaient. Dans les casinos, tout était à disposition, pour que les joueurs ne s'éloignent pas trop des tables de jeu.

« Kassim avait fondé une école de jeu. Là, il enseignait ses manipulations aux apprentis joueurs et Farizade était la plus douée de ses élèves : ses mains agiles avaient la dextérité du joueur de cithare. Pour paiement de son enseignement, Kassim exigeait de ses élèves qu'ils lui donnent les gains de leur première année de jeu. Nul n'avait osé enfreindre cette loi, car les hommes à la solde de Kassim étaient de redoutables tortionnaires.

– Et s'ils perdaient, s'enquit Abnous ?

– Cela était rare, mais dans ce cas, Kassim leur donnait le double de leurs pertes, et renouvelait le contrat pour un an.

– Comment Farizade échappa-t-elle à la règle, demanda Abnous ?

– Elle défia Kassim, et lui proposa de ne jouer avec nul autre que lui pendant l'année probatoire. Kassim ne vit pas le piège. Il accepta la gageure.

"Je ne risque rien, pensait-il. Si je gagne au jeu, ce qui est probable, je ruinerai Farizade ; si j'avais le malheur de perdre, alors elle devra me verser ses gains, pour payer mon enseignement, selon les termes de notre accord."

– Ainsi Farizade ne pouvait gagner, remarqua Abnous.

– Là réside son génie. Elle retourna l'argumentation de Kassim :

"Si je gagne, expliqua-t-elle, alors je conserverai la somme d'argent gagnée au jeu sur Kassim, car j'appliquerai les règles du jeu. Et si je perds, Kassim devra me rembourser le double de mes pertes, d'après notre contrat."

– Il y avait là une contradiction patente entre les règles d'un contrat et les règles du jeu. Comment pouvait-on trancher ? La décision pouvait être prise avant même qu'ils ne jouent car, quelle que soit l'issue des parties, le conflit menaçait.

– L'affaire passa en justice. Les juges ne purent statuer, d'autant que le jeune avocat nommé Euathlus évoqua la jurisprudence d'un cas semblable. Euathlus, continua Khoka, avait passé un marché avec Protagoras, son professeur de droit. Il devait lui verser les hono-

* En ces temps reculés, la paresse était universellement répandue, mais évidemment personne ne combattait l'apathie générale.

raires de la première cause qu'il gagnerait à la sortie de l'École. Euathlus était paresseux* et avait décidé de ne pas plaider, il préférait le jeu. Aussi Protagoras lui fit un procès pour le sommer de payer son dû. Euathlus décida de défendre sa propre cause.

"Je suis tranquille, pensa le professeur. Si je gagne le procès, Euathlus sera condamné à me payer, et si je perds, il aura gagné sa première cause, et devra s'acquitter de sa promesse contractuelle."

– Il n'avait pas prévu, continua Khoka, que Euathlus plaiderait tout différemment sa cause devant les juges :

"Si je gagne, alors Messieurs les juges, votre décision de justice en ma faveur m'acquittera de ma dette envers mon professeur, et si je perds, je ne lui devrai rien car je ne dois le payer qu'à la première cause gagnée."

Les juges décidèrent que de tels cas ne pouvaient être du ressort de la justice et renvoyèrent dos à dos les plaideurs.

– Aussi, poursuivit Khoka, quand Farizade et Kassim se présentèrent devant les juges, Protagoras leur embrouilla si bien l'affaire en racontant son histoire, qu'ils ne purent statuer, et Farizade fut libérée de ses obligations. Kassim ne pouvait l'obliger à payer. »

Abnous était perplexe. Au bout d'un moment, ses pensées dévièrent.

« Comment se fait-il que Lune-du-Temps ait pu gagner contre Farizade ?

– Parce qu'elle a sa pierre de basalte noire. Un talisman si l'on veut. Quand elle la touche, elle fait un petit bond temporaire dans le futur, et voit un court instant le jeu de son adversaire. Alors quand elle revient au temps présent, elle sait jouer avec discernement… Farizade a dû se douter de quelque chose au XVIIIe siècle. »

« L'affaire du professeur et de l'élève a été reprise au XVIIIe siècle par le fabuliste Jean-Pierre Claris de Florian dans Le Procès des deux renards. *Jean Paulhan prétend, dans* Les Fleurs de Tarbes *paru en 1941, qu'une affaire semblable a été jugée entre Maître Henri Robert, un des ténors du barreau de l'époque, et Maître Dudous, qui voulait apprendre l'éloquence. En fait, le professeur ne devait plus enseigner et il fallait interdire à l'élève de poursuivre la profession d'avocat, prétend Chahrazade.*

Ces antinomies juridiques sont fréquentes et font le délice des professeurs de droit. Examinons un autre cas mettant en opposition deux lois.

Première loi : si, dans un naufrage, un seul homme est sauf, le navire lui appartient.

Seconde loi : un fils déshérité par son père ne peut avoir aucun de ses biens.

Que se passe-t-il alors si un fils, déshérité, est resté seul après un naufrage sur un bateau de son père ? »

À ce moment de la narration, Chahrazade vit apparaître le matin, et discrète, se tut.

Vingt-sixième nuit

LES MARTINGALES DÉVOILÉES

Chahmazane déambulait dans les couloirs de son palais qui s'était transformé en tripot. La mode était au jeu : Farizade avait été invitée au palais par Abnous, au grand dépit d'Irvana, et elle persuadait tout le monde de jouer.

« Elle gagne plus au jeu qu'à être connue, sifflait Irvana. »

La plupart des participants jouaient à pile ou face, jeu relativement simple et visiblement équitable. D'autant que Farizade avait vendu à certains naïfs une recette pour gagner.

« La chance est le facteur qui explique le succès des autres, expliqua Farizade. Nous allons en maîtriser les lois. Quand vous jouez, leur prescrivait-elle, dès que vous gagnez dix dinars, vous vous arrêtez. Cela arrivera nécessairement : la loi de pile ou face impose qu'à un certain moment vos gains soient de dix dinars. Puis vous recommencez avec un autre partenaire. Là encore vous arrêtez de jouer dès que vous avez gagné dix dinars. »

« Je vais tenter cela, dit Zéphyr de l'adolescence, mais avec des mises plus importantes, car moins on parie, plus on perd quand on gagne. »

Irvana avait quelques doutes sur le raisonnement de Farizade : il lui semblait bizarre que tout le monde puisse gagner en jouant les uns contre les autres. Le mathématicien Hossein lui expliqua, à grand renfort de graphiques et de formules, où péchait le raisonnement.

« Au cours du jeu, il arrivera obligatoirement un moment où vous perdrez la somme que vous avez décidé de jouer, plus les dinars que vous avez mis de côté. Alors vous serez bien forcée de vous arrêter. Et vous aurez tout perdu…

– Cela signifie-t-il que tous les gains et les pertes apparaîtront au cours du jeu ? demanda Zéphyr qui avait joué et perdu son argent de poche.

– Certainement, et moins vous avez d'argent, plus cela arrive vite, répondit Hossein.

– Alors il faut être plus fortuné que son partenaire, en conclut Zéphyr. C'est pour cela que notre riche roi Chahmazane gagne toujours : il a plus d'argent que tout le monde, et peut subir des pertes plus importantes que ses adversaires.

– Il est en effet probable que s'il est deux fois plus riche que son adversaire, ce dernier sera à sec deux fois plus vite que lui, confirma Hossein. »

Mais qui écoute les mathématiciens ? Les membres de la cour choisissaient plutôt de croire Farizade qui les incitait à suivre leurs penchants. Aux rares qui avaient été convaincus par Hossein, elle délivra un second message d'espoir… contre quelques monnaies, évidemment.

« Voyez le roi Chahmazane, il a décidé de tenir la banque. Il joue à pile ou face contre tous ceux qui le veulent. Chacun peut choisir à chaque coup son enjeu. Aussi vous allez doubler votre mise à chaque nouveau tirage, jusqu'à ce que vous gagniez, leur expliqua-t-elle.

– Elle est en train de leur fourguer la montante de d'Alembert, ricana Hossein. »

Farizade le fusilla du regard.

« Explicitons le déroulement de la partie, continua-t-elle. Si vous gagnez au premier coup, vous remportez l'équivalent de votre mise, 20 dinars par exemple, et vous vous arrêtez. Si la première chance vous a été défavorable, vous doublez votre mise initiale et vous jouez 40 dinars. Si vous gagnez à ce coup, vous avez au total gagné 20 dinars. Si vous avez encore perdu, vous doublez de nouveau. Quand vous finirez par gagner une partie, vous serez bénéficiaire de 20 dinars.

– Sauf, encore une fois, si vous avez perdu, avant de gagner une seule partie, la totalité de la somme dont vous disposiez, ironisa Irvana. Cette aventurière causera votre ruine à tous. Pourquoi, d'ailleurs, vous vend-elle des martingales, au lieu de les appliquer elle-même, si elle est si maligne ? »

Cet argument, d'ordre psychologique, porta ses fruits. Sauf pour Abnous qui buvait les paroles de la joueuse professionnelle. Hélas pour lui, une suite de paris malchanceux sur pile coïncidant avec des sorties répétées de faces, lui fit perdre tout le montant de sa bourse. Il vint supplier sa femme de lui prêter quelques picaillons. Emprunt qui lui fut refusé assez sèchement. Il chercha alors des yeux Farizade, mais celle-ci prudemment, avait disparu.

« Je vais essayer une nouvelle tactique, dit Zéphyr. Hossein nous a expliqué que pile sortait aussi souvent que face. Aussi, pour que le nombre de piles égalise le nombre de faces, après une longue série de piles, face a plus de chances de sortir. Je vais jouer pile après une série de deux sorties de faces, comme cela j'aurais plus de chances de gagner. »

Zéphyr, contente de sa déduction mathématique, interrogea pleine d'espoir Hossein, pour savoir s'il confirmait son raisonnement. Elle fut cruellement détrompée.

«Vous prêtez trop d'intelligence à la pièce de monnaie, affirma le mathématicien. La pièce ne sait pas qu'une longue série de sorties de pile vient de se produire. À chaque coup, la probabilité de sortie de pile et de face reste un demi*.

* Même lorsque l'on est persuadé de la validité de ce raisonnement, il est difficile de ne pas jouer pile après une longue suite de faces. Certains soldats de la Première Guerre mondiale se cachaient dans un trou d'obus car ils pensaient ainsi conjurer le sort, puisqu'il était « peu probable » qu'une bombe tombe deux fois au même endroit. De même, il est arrivé qu'une personne prenne une bombe dans un avion pour éviter qu'il y en ait une autre déposée par un terroriste, arguant du fait que la probabilité pour qu'il y ait deux bombes dans le même avion est extrêmement faible.

– Et toutes les séries consécutives de pile ou de face, quelle que soit leur longueur, doivent se produire, confirma le logicien Giaffar, qui avait accompagné Laab dans la salle de jeu. Vous ne pouvez “vaincre le hasard”**.

– Donc il n'est pas possible de battre Chahmazane, conclut le grand vizir. Et cela est juste car c'est notre roi. Toutefois, j'ai une inspiration personnelle. Je vais instituer une taxe sur les mises, minime pour commencer. C'est le seul moyen de ne pas perdre.

– Excellente idée, mon bon vizir. Mais pourquoi minime ? Vous allez décréter une taxe d'État qui contribuera à remplir, non pas votre bourse, mais mes coffres, acquiesça Chahmazane. Je profiterai ainsi des penchants pervers de mes sujets pour alourdir le montant de leurs impôts. Moral et rémunérateur. »

« Le raisonnement, jouer jusqu'à ce que l'on gagne dix francs, puis recommencer n'est pas valable pour une série finie de coups. Après un nombre fini de coups, quand, finalement vous vous arrêtez de jouer, vous devez faire un bilan général, conclua Chahrazade. Comme vous vous arrêtez quand vous êtes ruiné, vos gains de dix francs successifs sont annulés. Inversement, l'égalisation entre les piles et les faces ne se fait qu'à l'infini, ce qui permet les longues séries de pile ou de face et rend caduc l'argument du joueur qui pense qu'après pile, face a plus de chances de sortir. Il n'est pas de bottes secrètes permettant de vaincre le hasard. »

À ce moment de la narration, Chahrazade vit apparaître le matin, et discrète, se tut.

** Hormi l'arnaque célèbre contée par Chahrazade lors de la 17e nuit.

VINGT-SEPTIÈME NUIT

FATUM

« Encore pile ! C'est une fatalité. Mais Allah sait toute chose et il me dit qu'il serait bon que je m'arrête. » Ainsi parla Chahmazane.

Zéphyr était rouge de colère et de surexcitation.

« Farizade vient de sortir 20 fois pile consécutivement, s'exclama-t-elle. »

Les habitants du palais tremblaient de colère, car le roi avait beaucoup perdu. Il augmentait sa mise à chaque coup pour se rattraper. Le beau front d'Irvana, la fille du roi, était voilé par un rictus de détresse. Maussade et meurtri par le sort, Chahmazane se retira dans ses appartements pour digérer sa défaite. Le grand vizir, les sourcils froncés, pensait à de nouveaux impôts pour compenser la perte royale.

« Cette intrigante a dû tricher, commenta Irvana. Il n'est pas possible, avec une pièce non truquée, de sortir une si longue série de piles... Les piles et les faces s'équilibrent quand on joue honnêtement*.

– Pas nécessairement, remarqua le logicien Giaffar. Une telle série de 20 fois pile a une chance sur un million de se produire. Une

---

* Dans la pièce de Tom Sheppard, *Rosencrantz et Guildenstern sont morts,* Guildenstern s'étonne d'obtenir face quatre-vingt dix fois consécutivement.

série de 10 piles consécutifs suivie de 10 faces a aussi une chance sur un million d'apparaître.

– Cela signifie que si l'on joue des millions et des millions de parties, n'importe quelle suite de pile et de face, par exemple PFPPFFPFPFPFPPFPFPFP, se produira une fois sur un million car il y a un million de telles suites. C'est un savant de la montagne Awak-Awak, tout de noir vêtu et d'aspect farouche qui m'a montré ce décompte. Il y a, m'a-t-il enseigné, d'une voix caverneuse, deux séries d'un coup, P et F. Il y a, continua-t-il, quatre séries de deux coups, PP, PF, FP, et FF. Huit séries de trois coups, PPP, PPF, PFP, PFF, FPP, FPF, FFP et FFF. Toutes ces possibilités sont également possibles. Et ainsi de suite, m'a expliqué le sorcier de la montagne. »

Ces histoires de sorcier ne ramenaient pas la paix dans l'âme sensible de Zéphyr.

« Je persiste à croire que Farizade a triché, gronda-t-elle. Je suis certaine qu'elle n'aurait pas tiré 20 fois consécutivement face si notre roi avait toujours joué face.

– Comment prouver que cette suite n'était pas le fruit du hasard, gémit Irvana ?

– C'est impossible, à la seule vue du résultat, dit Giaffar. Il faut bien que le hasard arrive, m'a enseigné le vieillard de la montagne. Aussi improbable que soit un événement, s'il n'est pas impossible, il doit se produire un jour**. »

Le petit djinn Ibliss, l'ami d'Irvana, était accouru et avait pris la mesure de la situation.

« Tranquillisez-vous, leur dit-il. Un, notre roi n'est pas ruiné, et cette perte lui servira de leçon. Deux, compta-t-il sur ses doigts de fumée, Farizade s'est enfuie emportant son pécule. Nous voilà débarrassés de cette dangereuse pécore. »

On apporta des rafraîchissements, car l'affaire avait été chaude. Ibliss alla s'enquérir du roi et revint avec des nouvelles qui se voulaient rassurantes. Chahmazane avait abandonné toute idée de jamais rejouer à pile ou face, et il examinait sa collection de dés…

– De dés à coudre, demanda Irvana ?

** Il est alors difficile de ne pas lui trouver une cause, et pourtant il n'en a pas. Ce n'est qu'une coïncidence. Les superstitions attribuent une signification causale à des événements fortuits : la superstition est l'art de se mettre en règle avec les coïncidences, disait Le poète Jean Cocteau.

– Non de dés à jouer. Le roi n'est pas totalement guéri de sa passion du jeu. »

Irvana soupira, et son mari, Adjib, grogna :

« Je ne savais pas, en t'épousant, qu'il y avait des tares dans ta famille, maugréa-t-il. »

La discussion reprit sur la nature du hasard. Giaffar continua à distiller l'enseignement du vieillard de la montagne.

« Le hasard se mesure par la possibilité de communication, m'a-t-on enseigné. Supposez, chère Zéphyr, dit-il en regardant Irvana, supposez que vous deviez envoyer un message décrivant une suite d'un million de piles et faces : PFPPPFPPFPFPPPFPFPFPPF...

Si la suite ne comporte que des piles, comme PPPPPPPP..., vous dites "Un million de fois P", ce qui est plus court que d'écrire la suite du million de P. Et si la suite comporte des séries de piles et de faces, comme PFPFPFPFPFPFPFPFPF, alors vous dites "Cinq cent mille fois PF". C'est un peu moins bref, mais toujours plus concis que d'énoncer toute la suite.

– Plus la constitution de la suite est simple, moins il faut de mots pour la décrire ! J'ai compris, j'ai compris, exulta Zéphyr.

– Mais, m'a prévenu, le savant noir, si l'on ne voit pas de loi simple, on dit que la suite a été formée au hasard, et pour la décrire, on ne peut faire mieux que de la donner en totalité, en énonçant son million de termes, dit Giafar.

– Et alors on peut ranger les suites par ordre de complication croissante, intervint Irvana. C'est grisant. Cela ne résout pas notre problème, mais c'est passionnant.

– Le savant de la montagne m'a dit que plus une suite était prévisible, plus on pouvait la continuer facilement connaissant ses premiers termes, moins elle était compliquée.

– Et s'il n'y a pas d'ordre, alors on ne peut pas la décrire plus brièvement. Pour l'envoyer à quelqu'un, il n'y a pas de moyen plus court que d'en énumérer tous les termes. J'ai parfaitement compris la théorie du vieillard de la montagne, et tout est très simple. »

À cet instant un éclair frappa le palais, et dans un grondement de tonnerre, le vieillard noir apparut.

« Les suites régulières illustrent la différence entre les sciences expérimentales et les mathématiques. Le physicien qui voit une régularité en déduit une loi, alors que le mathématicien se l'interdit. Cette remarque, continua Chahrazade, montre pourquoi l'intelligence artificielle a peu de succès car elle opère par déduction logique et non par induction. La déduction logique ne permet pas de découvrir des lois de la nature. »

À ce moment de la narration, Chahrazade vit apparaître le matin, et discrète, se tut.

Vingt-huitième nuit

LA SUITE DANS LES IDÉES

« Jeune nigaud, dit le vieillard noir, tu n'as compris qu'une partie de la vérité, et tu te contentes de trop peu. Je t'ordonne de revenir faire un stage chez moi. Entre temps, je te prive de la parole. »

Giaffar était puni. Il dut s'embarquer sur la mer lointaine, affronter les tempêtes, les déserts, la soif, la faim, et le bavardage des autres. Enfin, après un long périple, il arriva aux îles Wak-Wak, où une jeune fille fraîche et rose l'attendait. Elle se dénommait Habiba et se montra très tendre envers Giaffar, dont, bavarde, elle appréciait le mutisme forcé. Pour la faire taire, Giaffar n'avait d'autres ressources que de l'embrasser à en perdre le souffle.

Après quelques jours de ce régime, Habiba l'accompagna chez son savant père.

« Tu n'as été que partiellement initié à la science des suites et on peut en extraire trop de philosophie. C'est pourquoi je t'ai fait venir, mais je vois que ta visite s'annonce sous de bons auspices et que tu es consolé de ton voyage », sourit-il en regardant combien sa fille appréciait Giaffar.

Giaffar ne savait comment lui demander de lui rendre la parole.

« Ce que tu n'as pas saisi, c'est qu'il faut trouver la loi décrivant la suite quand elle n'est pas aléatoire, poursuivit le vieillard. Et cela n'est pas toujours facile. »

Giaffar l'écoutait dans un silence forcé.

«Au lieu de séries de P et de F, nous remplaçons les P par des 0 et les F par des 1. Ainsi la suite de Farizade s'écrit 00000000000000000000. On la décrit par 20 fois 0 car la régularité est évidente. Comment décriras-tu la suite 01010101010101010101 ? Je te rends la parole.

– 10 fois la paire 01, hurla Giaffar qui ne maîtrisait plus son volume vocal.

– Exact. C'est au scientifique de déceler la régularité. S'il ne trouve pas de loi, il ne peut exprimer la suite de façon plus concise, et il doit donner la suite des chiffres. Comment décrirais-tu la suite 0011001100110011 ?

– La loi est "Répéter la suite 0011 quatre fois" dit Habiba, voulant aider Giaffar.»

Son père la tança du regard.

«C'est à Giaffar de répondre, lui intima-t-il. Mais il aurait trouvé. Prenons maintenant des suites de chiffres décimaux. Comment décrirais-tu la suite 01234567891011121314…?

– C'est la suite des entiers, triompha Giaffar.»

Habiba était fière de son amant.

«Et 1415926358979323846… l'interrogea-t-il ?»

Giaffar resta muet, mais cette fois d'ignorance.

«C'est la suite des décimales de π, calculée par mon collègue Al-Kashi, affirma le vieillard noir. Tu vois qu'il n'est pas toujours facile de reconnaître la loi qui régit les chiffres d'une suite. Surtout qu'à la suite d'erreurs de mesure ou de transcription, un chiffre ou deux peuvent être faux.»

Giaffar était éperdu de reconnaissance et ne regrettait pas son voyage.

«Je vous remercie de m'avoir invité, et de m'avoir fait connaître ces merveilles, dit Giaffar.»

Habiba prit ce compliment pour elle. Elle lui caressa la joue, avant de courir, légère et heureuse, chercher des boissons, des fruits et des gâteaux parfumés.

Au cours des jours qui suivirent, Giaffar s'entraîna à reconnaître des suites et il appréciait les encouragements de Habiba, son inspiratrice mathématique. Le vieillard lui apprit qu'entre une définition longue et une définition courte, la plus courte était la meilleure. Que cela s'appellerait un jour le principe d'Occam :

pour expliquer un phénomène, l'explication la plus simple est celle que l'on doit choisir. Giaffar pensait, parallèlement, que la vie simple avec Habiba était préférable aux complications d'Irvana et aux intrigues du palais de Chahmazane. Il décida d'opter pour la simplicité heureuse.

Le jour de son départ, le vieillard entraîna à part Giaffar pour une révélation.

« Mon cher beau-fils, puisque je peux vous appeler ainsi, je vais vous dévoiler une difficulté. Car vous êtes un mathématicien chevronné. »

Il avala une gorgée de thé, et fronça les sourcils.

« Je vais donner une définition d'une suite assez bizarre : *La plus petite suite qui est spécifiée par plus de signes que n'en contient cette phrase.*

Cette suite est à la fois décrite par cette phrase et ne l'est pas ! Elle l'est, car c'est une définition parfaitement possible d'une suite, elle ne l'est pas, car elle doit être décrite par plus de signes qu'elle n'en contient.

Méfiez-vous des définitions, conclut le vieillard noir, elles sont traîtresses et peuvent conduire à des impossibilités.

– Nous nous méfierons, père, acquiesça Habiba. »

« Nous savons que les mathématiciens ont montré qu'il était impossible de dire d'une suite finie si elle était ou non aléatoire, dit Charhazade. Alors nous ne pourrons la décrire avec certitude. Mais il est des phrases comme celle énoncée par le vieillard noir qui semblent définir une phrase et qui ne le font pas. Un autre exemple a été donné par le mathématicien allemand David Hilbert (1862-1943) : "Le plus petit nombre entier qui n'aura pas été nommé au XXe siècle." Henri Poincaré appelle ces définitions non prédicatives. On peut d'ailleurs s'interroger sur l'existence de ce plus petit nombre entier : les mathématiciens intuitionnistes pensent qu'il n'existe pas avant la fin du siècle, époque où l'on peut déterminer sa valeur.
Le fabuliste Florian détestait les Grecs qui avaient introduit ces paradoxes, qu'ils baptisaient antinomies :
"Cette logique captieuse
Qui d'une chose claire en fait une douteuse…
Les Grecs ont inventé cette belle manière
Ils ont fait plus de mal qu'ils ne croyaient en faire." »

À ce moment de la narration, Chahrazade vit apparaître le matin, et discrète, se tut.

VINGT-NEUVIÈME NUIT

LES AMANTS DES AMAZONES

« En un galop furieux, les Amazones ont fondu sur la plage, rapides comme grêle en mars. Les sabots des cavales fauves aux jarrets vigoureux et à la longue crinière faisaient voler les galets en éclats dans un fracassement qui accompagnait le cliquetis des sabres et des lances. Les longues nattes des Amazones se mêlaient aux queues et aux crinières des chevaux, et leur croupe puissante se continuait par celle de leur monture*. »

Au récit de Shater-Mohamad, l'assistance frissonnait.

« Elles encerclèrent les baigneurs, continua-t-il, et tinrent conciliabule. Elles étaient lasses de leurs amis centaures qui s'intéressaient plus à leurs montures qu'à elles-mêmes**. Aussi dépêchèrent-elles trois d'entre elles qui lièrent les mains de deux dc mes camarades et de moi-même. Puis elle nous obligèrent à monter en croupe et nous enlevèrent, aux grands gémissements de nos familles. Mais qui pouvait s'opposer aux farouches Amazones ?

– Que voulaient-elles, demanda Laab ?

---

* La plus noble conquête du cheval, c'est l'amazone.

** Comme Sophocle, les amazones pensaient que « Le monde est rempli de merveilles, mais rien n'est plus merveilleux que l'Homme. »

– Elles nous entraînèrent dans leur palais, nous baignèrent de la façon la plus agréable qui soit, et nous présentèrent des nourritures exquises. Après le repas nous fûmes conduits dans le gynécée où les parfums embaumaient et où une douce musique, lointaine et mélodieuse, charmait nos oreilles.

– Bref, s'impatienta Laab !

– Bref, on nous présenta trois jeunes filles, Amrazane, Bernice et Cléo, dont nous allions être les compagnons. Plus gracieuses que leurs sœurs guerrières, elles avaient les charmes réunis de toutes les jeunes filles de la cour du roi Chahmazane.

– Tiens donc, ricana Laab. Et comment se fit l'appariement ?

– Les Amazones tenaient compte de notre choix, et de leur goût propre. Elles craignaient les alliances où les désirs de chacun n'étaient pas respectés. Aussi chacun d'entre nous établit-il un ordre de préférence. Je choisis, dit Mohamad, dans l'ordre Bernice, Amrazane, et Cléo. Quel poète pourrait décrire la splendeur de Bernice ? Ses lèvres étaient trempées dans le sang des cornalines, son cou gracile portait une tête rayonnante de beauté, comme une tige porte sa corolle. De plus sa poitrine bondissante, semblable à deux grenades…

– Nous avons compris, l'interrompit Laab, et les autres ?

– Nassim choisit, dans l'ordre, Bernice, Cléo à la chevelure fauve, et Amrazane au port altier. Omar, d'un goût différent, donna le trio Amrazane, Cléo, et Bernice.

– Nassim et toi ne pouviez être tous deux satisfaits car vous préfériez tous deux Bernice, se réjouit Laab.

– Là était la difficulté. Mais il fallait tenir compte aussi des préférences des jeunes filles. Bernice préférait Omar, puis Nassim, puis moi, se plaignit Mohamad. J'étais le premier choix de Cléo, Nassim et Omar venaient après. La noble Amrazane choisit, dans l'ordre, Nassim, moi Mohamad en second seulement, puis Omar. »

Le roi Chahmazane s'était fait apporter des figurines et des jetons où il inscrivait les ordres de préférence des jeunes gens, pour suivre plus commodément les raisonnements. Ses instruments installés, il s'enquit auprès de Mohamad.

« Quels appariements craignaient les Amazones ?

– Les mauvais appariements sont ceux où un homme et une femme se préfèrent tous deux à leur propre conjoint. Dans notre cas, si j'avais été uni à Bernice, comme je le souhaitais, Nassim à Cléo et Omar à Amrazane, le péril menaçait : Nassim préférait

Bernice à sa compagne désignée Cléo, et Bernice le préférait à moi. Nassim et Bernice étaient tentés de convoler ensemble… et il en aurait résulté des conflits qui répugnent aux Amazones. »

Laab s'était piquée au jeu. Elle s'était saisie des figurines de Chahmazane et appariait les couples frénétiquement.

«Regardez, dit-elle au bout d'un moment, j'ai trouvé une solution.

– Il existe toujours un appariement où cette solution instable disparaît, et cela quels que soient les ordres de préférence de chaque protagoniste.

– Laissez-moi vous montrer mes mariages, supplia Laab. »

Personne ne s'intéressait à son travail. Chahmazane ordonna à Mohamad d'indiquer sa méthode.

«Les trois Amazones avaient le choix. L'une d'entre elles faisait un premier choix.

– N'importe laquelle, s'enquit Chahmazane ?

– N'importe laquelle. Dans mon cas ce fut Cléo. Elle me choisit, et resta à mes côtés. Puis Amrazane choisit Nassim et s'assit sur ses genoux. Enfin Bernice se présenta devant Omar et l'appariement était adéquat.

– C'est parce que chacune avait en premier rang un jeune homme différent, remarqua Laab. Si les garçons avaient choisi, cela aurait été différent.

– Non, mais cela aurait été plus long. D'ailleurs le cas se présenta, car, la seconde nuit, nous devions recommencer la sélection, les garçons exerçant alors le choix. »

– Qui a commencé, demanda Laab, je parie que c'est toi !

– Oui, avoua Mohamad. Je choisis Bernice. Nassim, qui venait après moi, se présenta à Bernice, et d'après sa liste, elle le préférait à moi. Je fus donc éconduit. Ensuite Omar choisit Amrazane, et je rentrais à nouveau en lice. Je ne pouvais choisir Bernice car elle préférait Nassim. Aussi je choisis la seconde jeune femme de ma liste, Amrazane. Comme elle me préférait à Omar, celui-ci se leva, dépité. Il se présenta devant son second choix, Cléo, laquelle l'accepta. Cette solution convenait, et nous le vérifiâmes toute la nuit avec délices***.

– Admirable, s'écria Chahmazane. Quelle douce façon de résoudre les conflits. Je vois d'ailleurs que tu avais trouvé cette solution, Laab.

– Oui et il est dommage que personne ne m'écoute, dit-elle. Mais nous n'avons pas prouvé que la méthode n'entraîne jamais le cas terrible où un jeune homme et une jeune femme se préfèrent à leur conjoint respectif.

*** Comme les amours, intéressants, parce que de genre féminin dans la pluralité.

– Cette configuration est impossible, démontra le djinn Ibliss. Si un garçon et une fille ne sont pas appariés après le processus de choix indiqué, alors ils ne peuvent s'aimer plus qu'ils n'aiment leur conjoint. Ou bien le garçon n'a pas choisi de se présenter à la jeune fille, et alors c'est qu'il en préférait une autre, ou bien il s'est présenté, et la jeune fille l'a finalement éconduit au profit d'un autre garçon pour lequel son penchant était plus fort. Dans les deux cas, ils ne peuvent se préférer tous deux plus qu'ils n'apprécient leur affectation.

– Bravo Ibliss, s'écria Mohamad, la question est définitivement réglée.

– Avait-on le droit de barrer définitivement quelqu'un de la liste ? demanda Laab, en regardant avec fureur Mohamad.

– Personne ne se pose cette question, car contrairement à la harpie que je vois ici, toutes les Amazones sont désirables, répliqua Mohamad. »

« Cette optimisation combinatoire des bonheurs conjugaux a été généralisée à plus de trois personnes et étudiée par les meilleurs mathématiciens, poursuivit Chahrazade. Même dans les situations dites stables, où aucun des membres d'une paire ne se préfère à son conjoint, il existe des solutions meilleures que les autres. Le problème est de les trouver toutes et de choisir entre elles. D'autre part, on peut manipuler l'attribution des conjoints en affichant des variantes qui ne sont pas les siennes, comme dans le paradoxe de Condorcet. »

À ce moment de la narration, Chahrazade vit apparaître le matin, et discrète, se tut.

Trentième nuit

L'INTELLIGENCE ANIMALE

L'éclair grondait. La mer enflait ses rouleaux tumultueux. « Notre voyage de noces n'est pas une réussite, gémissait Laab. Seconde déception. Déjà que... »

Une vague balaya le navire et fit taire la jeune mariée. Mohamad, son mari, tentait de la protéger des assauts de la mer, sans grand succès.

« Il faut accoster, dit le capitaine Sindbad, qui était monté sur le gaillard d'avant*. »

Avec de petits cris désagréables, une bande de rats s'échappa de la soute et se précipita dans la mer. Les animaux nagèrent jusqu'au rivage.

« Mauvais présage. Je crains cette côte maléfique, soupira Mohamad.

– Suivons ces animaux. Il n'y a pas de meilleur choix affirma Sindbad. Nous ne réussirons à nous sauver... qu'en échouant. »

Les marins jetèrent l'ancre, et la petite troupe suivit les rats dans une grotte qui les abrita de la pluie et du vent. Lugubre retraite.

Les rats s'étaient massés devant une plaque de rocher, qu'ils grattaient de leurs pattes. Soudain une roche pivota ouvrant un passage. Les rats se ruèrent à l'intérieur, alors qu'un homme brandissant une torche invitait les voyageurs à le suivre.

*Chacun ses goûts...

Ils parcoururent plusieurs couloirs, jusqu'à une salle où le seigneur des lieux les attendait en souriant. Les rats tournaient dans la pièce jusqu'à ce qu'un serviteur ouvrit une porte et les rats s'y précipitèrent. L'intelligence des rats prévalait et l'Homme suivait le rat.

« Asseyez-vous et restaurez-vous, les invita l'homme en blanc. Je connais votre épreuve, je surveillais le navire. C'est sur mon ordre que les rats sont venus jusqu'à moi. Et vous avez eu le bon sens de les suivre.

– Vous avez un pouvoir sur ces animaux, s'enquit Mohamad ?

– Je les étudie depuis longtemps, et je connais leur signal d'appel. Mon nom est Nomé et je suis un spécialiste du cerveau. J'expérimente avec les rats.

– Je me demande ce que ces animaux inférieurs et détestables peuvent vous apprendre, s'exclama Laab.

– Et il est impossible de s'en débarrasser, nota Sindbad. J'ai tout essayé sur mon navire pour les éliminer : poison, trappes, ratières. Rien n'y fait.

– C'est qu'ils ne sont pas si "inférieurs" que vous le dites, ma chère Laab, remarqua Nomé. Ils ont l'intelligence de déjouer vos pièges. D'ailleurs, que signifie inférieur ou supérieur ? Certains animaux ont des sens tels que l'odorat plus développés que nous, d'autres ont plus d'instinct. Si le développement se mesurait à l'instinct, les abeilles seraient au sommet de l'échelle de supériorité, dira un grand naturaliste.

– Et comment pouvez-vous expliquer le cerveau de l'homme par celui du rat ? demanda Laab.

– De nombreuses structures se correspondent dans la géographie des deux cerveaux. En lésant le cerveau du rat, je détermine les zones du cerveau actives dans diverses fonctions.

– Par exemple la marche, la parole, continua Mohamad. Et l'amour.

– Exactement, l'amour dans la pensée et dans le muscle, confirma

Nomé. Les fonctions motrices et les fonctions mentales, parmi lesquelles la mémoire et l'apprentissage.

– C'est à cela que servent vos expériences de trajet du rat dans un labyrinthe à la recherche de nourriture ? demanda Laab.

– Oui, dit Nomé. Le rat, tout comme nous, sait mémoriser un trajet après quelques essais. Il apprend vite. C'est pour cela qu'il sait déjouer nos tours…

– En définitive, le rat est juste assez intelligent pour échapper à notre destruction, et juste assez bête pour se plier à nos expériences.

– Qui sait s'ils n'éduquent pas certains biologistes à leur donner à manger dans des labyrinthes ! ironisa Nomé… »

Et tous de s'extasier. Il n'en était point qui ne regarde le rat d'un œil plus amical. Certains de ces récents convertis s'étonnaient de la cruauté des biologistes. Nomé les détrompa :

« Avant d'expérimenter sur les animaux, on ne savait pas qu'ils étaient aussi proches de l'Homme. Les expériences sur les animaux ont anobli la condition animale. »

Nomé continua le récit de ses travaux.

« J'ai déterminé, chez le rat, et par comparaison, chez l'Homme, la zone de stockage de la mémoire, la zone qui thésaurise l'apprentissage. Cette zone augmente de taille quand l'animal est très entraîné.

– Ainsi tout n'est pas écrit, remarqua Sindbad. Certaines facultés sont potentielles à la naissance, mais ne se développent que par l'apprentissage. Je me demande quelles zones du cerveau sont plus développées chez le marin.

– Vous touchez là, mon cher Sindbad, une difficulté de la méthode d'expérimentation sur le rat. Il est des fonctions spécifiquement humaines qu'il est difficile de simuler chez le rat, remarqua Nomé. Mais vous comprenez que la querelle entre l'inné et l'acquis est, après mes expériences, vide de sens.

– Parce que nous avons des potentialités de départ, que nous développons différemment en fonction du contexte de notre vie, conclut Laab.

– Je connais, remarqua Sindbad, des jeunes femmes dont certaines zones cérébrales sont agréablement développées.

– Et pas uniquement les zones cérébrales, nota Nomé, en regardant Laab.

– Hélas, quand l'environnement n'est pas adéquat, comment les qualités pourraient-elles s'épanouir, se plaignit Laab. »

Trente-et-unième nuit

LE VOTE DES JUGES

Chahmazane était fort en colère, et Attaf tremblait pour sa vie. Attaf était soldat au palais, tout particulièrement chargé de la garde de la collection des statuettes. Et la statuette indienne de Ganesh, le dieu éléphant du commerce, que Chahmazane disait beaucoup apprécier, ne reposait plus sur son socle. Attaf prétendait n'avoir laissé passer aucun étranger et ne savoir comment Ganesh avait disparu. Le roi, qui ne la regardait pas trois fois par an, n'en gémissait pas moins de savoir sa collection dépareillée. Aussi avait-il ordonné à ses onze juges de statuer sur le sort du mauvais garde. La loi de Samarkand était sévère. Le vol était puni de mort, par noyade ou par pendaison, mais cette dernière exécution par grâce royale* seulement.

Si les juges pensaient qu'Attaf était complice des voleurs, ils devaient le condamner à mort. S'ils estimaient qu'il ne s'agissait que d'une négligence, ils devaient le bannir, et s'ils croyaient que le soldat n'avait pas commis de faute, ils devaient le gracier.

«Les juges vont voter pour déterminer le châtiment du pauvre Attaf, remarqua Zéphyr. L'hypothèse qui obtiendra le plus de voix

---

* Imaginez la gratitude du condamné à qui l'on accorde cette faveur ! La guillotine, procédé plus « humain », n'était pas inventée. Notons que le verbe « guillotiner » a des insuffisances grammaticales : on peut dire, je serai guillotiné, tu seras guillotiné, mais on ne peut pas dire « J'ai été guillotiné ».

sera jugée vraie. Je m'interroge sur la validité d'un tel procédé, mais je n'en vois pas de plus juste. Qu'en penses-tu, mon bon Ibliss ? »

Mort	Bannissement	Grâce
5	3	3

6

Le petit djinn entrait et sortait de la salle des délibérations, très excité. Il expliqua à Zéphyr comment les choses évoluaient.

«Pour l'instant, cinq juges vont voter la condamnation à mort, trois le bannissement et trois voudraient le gracier. Si je n'agis pas, Attaf va perdre sa tête.

– Ce qui serait bien injuste, car la majorité des juges, six, pensent qu'il ne mérite pas la mort, dit Zéphyr. Je crois qu'Attaf est parfois négligent, mais ce n'est pas un voleur. »

Zéphyr avait le cœur amical. Ibliss partageait son indulgence.

« Aussi, dit-il, j'ai communiqué, aux trois juges qui pensaient qu'il était totalement innocent, les décisions de votes des autres juges. Ils sont atterrés. Je leur ai suggéré de voter pour le bannissement. Même si cette punition leur semble trop sévère, elle n'est pas irrémédiable. Il y aura alors six voix pour le bannissement, et cinq voix pour la mort, et le bannissement l'emportera.

– Vous leur avez demandé de voter, non pas selon leur conviction première, mais selon un second choix tactique, pour que le pire soit évité, remarqua Zéphyr. Pourquoi n'avez-vous pas plutôt persuadé les trois juges prônant le bannissement de voter pour l'acquittement ? La majorité aurait alors gracié le séduisant Attaf !

– Parce que je savais que le second choix de deux d'entre eux était la condamnation à mort, un seul avait pour second choix l'acquittement. Si les deux juges plus sévères modifiaient leur vote, ce serait pour joindre leur voix aux cinq partisans de la peine capitale, et Attaf serait condamné à mort, répondit Ibliss, par sept voix contre quatre. »

Chahmazane se joignit à leur conversation. Le roi était plus calme, et regrettait son impulsivité. Il s'étonnait de ce que les juges partisans de la peine de mort ne modifient jamais leur choix.

« J'espère, Ibliss, que votre tactique sera efficace, souhaita Chahmazane. Vous voulez que les juges des deux groupes qui sont contre la peine capitale unissent leurs votes. C'est généreux de votre part. S'ils concertent leurs actions, ils peuvent ainsi décider, soit de bannir Attaf, soit de le gracier, car dans les deux cas, ils ont une majorité de six voix contre cinq. »

Les autres membres de la cour s'étaient joints à la discussion. Le grand prêtre Latifa, résuma la situation :

« Au fond des choses, ne faudrait-il pas d'abord voter pour décider si Attaf est coupable ou innocent ? S'il est réputé coupable, les juges pourraient alors déterminer la peine qu'il doit subir. En procédant ainsi, en deux temps, les juges sont toujours confrontés à deux choix seulement, et ne peuvent arriver à une décision contre la majorité.

– Comme cela est le cas avec un seul vote à trois possibilités, confirma Chahmazane.

– Le premier vote sur la culpabilité d'Attaf donnerait une majorité pour la culpabilité, par huit voix contre trois, comptabilisa Ibliss.

– Et le résultat du second vote, interrogea Zéphyr, inquiète ?

– Tout dépend du second choix des juges qui auraient voté pour l'acquittement lors du premier vote. On peut penser qu'ils choisiront, lors du second vote, la peine la plus douce, le bannissement, qui l'emporterait, là encore, par six voix contre cinq, conclut Ibliss.

– S'il est coupable, il doit être puni, affirma Chahmazane, plus sentencieux que de coutume. S'il est condamné à tort dans ce monde, il sera consolé dans l'autre**.

** Il est logiquement impossible de consoler le malheur dans ce monde par la félicité dans l'autre : si je sais que ma détresse ici bas sera compensée par le bonheur après ma mort, je ne peux plus être malheureux, et donc je ne serai jamais qualifié pour le bonheur d'outre-tombe.

– L'autre monde n'est pas en cause ici, nota Latifa. Revenons au résultat des juges : le résultat dépend, hélas, de la manière dont on formule la question du premier vote. Si l'on avait demandé aux mêmes juges de choisir entre la condamnation à mort et l'acquittement, ils auraient condamné Attaf à mort par sept voix contre quatre… »

Le grand prêtre Latifa fut interrompu dans son exposé par un de ses jeunes prêtres qui était accouru de toute la vitesse permise par sa robe :

« On a retrouvé la statue, cria-t-il. Le service du traitement de surface l'a nettoyée et l'a remise à sa place ce matin : elle trône dans la salle du congrès des vendeurs de statues.

– Que Zéphyr donne, sur ma cassette, 100 dinars d'or à Attaf, commanda Chahmazane. Nous avons injustement soupçonné ce soldat bon, honnête, intelligent et respectueux. Il faut toujours croire ce que les hommes disent ? »

Attaf *** fit irruption dans la salle, écumant de rage.

« Le roi Chahmazane est un tyran immonde, hurla-t-il. À la première occasion, je l'égorge de mes propres mains… »

Chahmazane soupira, et ordonna à ses gardes de le débarrasser de l'énergumène.

« Le paradoxe du vote traduit le difficile passage des préférences individuelles aux choix collectifs, affirma Chahrazade. C'est là qu'apparaissent des incohérences. Ainsi les gouvernements dépensent plus d'argent pour leur armée que pour l'enseignement, alors que si l'on organisait un référendum portant sur ce sujet, la préférence serait inverse. Une option peut être imposée à la population contre le choix du plus grand nombre. Peut-il en être autrement ? Plus un scrutin comporte de tours, plus les alliances et les manipulations sont possibles, et plus on peut faire passer des règles opposées à un plus grand nombre d'individus. »

À ce moment de la narration, Chahrazade vit apparaître le matin, et discrète, se tut.

*** Un homme intelligent fait de plus grosses erreurs qu'un homme bête, car la bêtise limite l'inventivité de ce dernier.

Trente-deuxième nuit

MORTEL CHEMINEMENT

« Taisez vous, péronnelles, je n'entends pas l'histoire de mon ami le marchand », tonna Chahmazane. Les femmes du harem jacassaient, chacune faisant plus de bruit que les dix autres réunies*. Toutes dissertaient, avec force paroles, sur la triste histoire du marchand de loukoums que le roi avait voulu sauver de la misère.

Dasmin, le marchand, se plaignait amèrement de la naïveté du roi.

« Tu as désiré, Sire, me donner un emploi. Tu as brisé le monopole de la vente de loukoums et tu m'as offert la seconde patente de la vente de friandises sur le marché de Samarkand. Nous sommes maintenant deux marchands, et nous sommes tous deux en faillite. Tragique destinée. Ta bonté, ô roi, nous a perdus ! »

Dasmin, sanglotait si fort qu'il ne pouvait plus parler. Chahmazane se fit expliquer l'affaire par le grand vizir.

« Amilad, le premier marchand de loukoums, était un vendeur prospère lui raconta le vizir. Établi au centre de la rue du marché, la très longue artère commerciale de la ville, il ne suffisait plus à satisfaire ses clients. Pourtant, nombre d'entre eux devaient parcourir un long trajet pour faire leurs achats de sucreries.

---

* Cette phrase, du langage courant, ne contient-elle pas un paradoxe ?

– En moyenne, le quart de la longueur de la rue, affirma le mathématicien. Certains qui arrivaient par une extrémité de la rue devaient parcourir la moitié de la rue ; ceux qui venaient d'une rue transverse aboutissant vers le centre du marché, n'avaient que quelques pas à faire. En moyenne, les acheteurs avaient le quart de la longueur de la rue à parcourir. Amilad estimait que beaucoup se décourageaient et se passaient de loukoums.

– Avec deux marchands, je pensais que les trajets des clients auraient été plus courts, nota Chahmazane.

– Hélas, mon bon Sire, hélas, sanglotait Dasmin.

– Et vous pensiez, Sire, que les chalands, qui auraient moins de chemin à faire, acheteraient plus ? interrogea le mathématicien.

– Évidemment, répondit le roi. Les marchands devaient, pour se partager la clientèle, se placer, l'un au quart de la rue, l'autre aux trois quarts. Là, en moyenne, un habitant n'aurait eu qu'un huitième de la longueur à parcourir.

– Je peux vous expliquer pourquoi, l'interrompit Zéphyr. Si l'on suppose que chaque habitant arrive au hasard en un point de la rue, alors…

– Nous savons cela, affirma le mathématicien. Racontez-nous la suite, grand vizir.

– Le premier jour, dit celui-ci, Dasmin et Amilad se postèrent à l'endroit optimal pour les clients. Mais le second jour, Amilad…

– Le traître, hurla Dasmin, c'est lui qui a commencé…

– Le second jour, disais-je, continua le grand vizir, Dasmin qui voulait augmenter sa clientèle a rapproché sa carriole du milieu de la rue. Comme un plus grand nombre de clients étaient plus près de lui que de Dasmin, ceux-ci lui achetèrent des loukoums. Et son chiffre d'affaires augmenta, au détriment de celui de Dasmin.

– Alors le troisième jour, Dasmin se déplaça aussi vers le centre, un peu plus qu'Amilad ne l'avait fait.

– Légitime défense commerciale, se justifia Dasmin, entre deux plaintes. Je devais réagir.

– Je sais ce qui s'est passé le quatrième jour, cria Zéphyr.

– Nous aussi, la fit taire le mathématicien. Et nous devinons tous qu'après quelques jours, les deux marchands se retrouvèrent au centre de la rue du marché.

– Ce qui ne réduisait plus la longueur du trajet des clients. Aussi les ventes furent-elles ramenées à leur niveau de départ, conclut le

grand vizir. Il arrive que les lois du marché ne soient pas bonnes pour les clients et catastrophiques pour les vendeurs. D'autant que les deux marchands commencèrent une guerre des prix dommageable.

– Avec nos maigres profits, il devint impossible de vivre. Sachant que vous achetez le lokoum en gros, au prix de… »

Dasmin ne put poursuivre, les larmes l'étouffaient.

Le roi était navré du tour tragique des événements.

« Et si je libéralisais complètement le marché, et permettais à n'importe quel marchand de s'installer où il veut, proposa-t-il ?

– Ce serait catastrophique pour les marchands situés entre le commerçant le plus à gauche et celui le plus à droite. Ils coinceraient les marchands près du milieu de la rue et, à eux deux, se partageraient le marché, lui répondit le mathématicien. Les privilèges ne peuvent être accordés à tous.

– Si vous n'aviez pas fait preuve d'une telle avidité, dit Chahmazane aux deux marchands, vous auriez été de prospères commerçants. Si chacun avait pris en compte le tort qu'il faisait à l'autre et l'issue fatale de sa traîtrise, vous ne vous plaindriez pas. Vous auriez dû rester à votre place.

– Les règles de vie sociale sont indispensables à la prospérité commerciale, les morigéna le grand vizir. L'absence de toute règle provoque des drames**.

– D'autant que l'absence de toute règle est une règle, mais néfaste, conclut le mathématicien.

– Je m'évertue à faire comprendre à mes sujets la nocivité de l'absence de règles, affirma Chahmazane. Les règles résolvent bien des conflits, ces conflits qui, chose étrange, commencent par priver les citoyens des choses pour lesquelles ils sont en guerre. Hélas mes concitoyens ne sont guère intelligents. Gribouilles, pauvres gribouilles…

– Est-ce si étonnant, ironisa le mathématicien ? La moitié des habitants de votre royaume a une intelligence inférieure à la moyenne…*** »

« Cette histoire est une variante géométrique du dilemme du prisonnier : deux comparses sont en prison. S'ils ne disent rien tous les deux, ils feront peu de prison, si l'un dénonce l'autre, il sera gracié, et l'autre fortement condamné, mais si chacun dénonce l'autre, alors ils seront tous deux condamnés à une peine maximale, expliqua Chahrazade. Pour éviter que chacun dénonce l'autre et y perde, comme c'est le cas de nos marchands de loukoums, il faut que chacun prenne en compte les intérêts de l'autre. Le problème a été beaucoup étudié, en relation avec l'altruisme. Dans le cas de la même situation qui se répète, l'un des joueurs doit enseigner à l'autre la coopération : ce problème de la meilleure stratégie est encore l'objet de recherches actuelles. »

À ce moment de la narration, Chahrazade vit apparaître le matin, et discrète, se tut.

** Ou l'extinction d'une espèce : certains anthropologues pensent que l'Homme moderne aurait éliminé l'espèce Cro-Magnon, non pas parce qu'il avait des avantages physiques supérieurs, mais parce que ses outils lui aurait permis de mieux faire la guerre. La concurrence est d'autant plus âpre et déterminante quand les espèces luttent pour la même niche écologique. L'Homme moderne se serait imposé, non pas parce qu'il se reproduisait plus efficacement, mais parce qu'il aurait éradiqué ses concurrents. C'est pour cela qu'il n'y aurait plus de survivants des autres hominidés : parmi le genre homo, il n'existe plus que sapiens.

*** Affirmation contestable mathématiquement car il peut y avoir un seul individu tellement intelligent que la moyenne s'établirait entre lui et le reste de la population. Mais alors, beaucoup plus de la moitié de la population serait d'intelligence inférieure…

Trente-troisième nuit

LA PASSE À TROIS

Le tournoi de passe à trois de Samarkand était une garden-party. Les jardins du palais étaient fraîchement tondus et toute la verroterie s'étalait sur les brillants atours de ses habitantes. Certains révolutionnaires manifestait leur originalité en portant un blazer sur la djellaba. Les jeux de passe à trois battaient leur plein. Deux personnes se lançaient une balle et une troisième, au milieu, tentait de l'attraper. Quand le joueur du milieu attrapait la balle, il remplaçait celui qui l'avait lancée. Le grand vizir donnait le signal des passes et décrétait à son bon plaisir quand le jeu était terminé. Alors tous les troisièmes joueurs du moment, qui essayaient d'attraper la balle que se passaient les deux autres, étaient éliminés.

Les prix étaient somptueux car le jeu était sponsorisé par le fabricant de narguilé portatif et de déodorant de burnous*. De tous les coins du royaume, des amateurs étaient venus tenter leur chance. Après quelques jours d'éliminatoires, il n'y avait plus que six compétiteurs en lice.

Évidemment Irvana ronchonnait. D'abord ce gros balourd d'Adjib, son mari, avait été éliminé au premier tour.

* Pour capitaliste honteux de la sueur qu'il engendre chez l'indigène.

« Ce n'est pas juste, récriminait-elle, les deux adversaires de mon mari se connaissaient bien et avaient mis au point une tactique qui éliminait mon pauvre benêt d'Adjib. »

Elle exprima son point de vue à Ramsès, le petit mathématicien égyptien de la cour, qui le transcrivit en bon langage.

« Dame Irvana, à la beauté radieuse et à la langue agile et preste, a certainement raison. Quand la beauté s'allie à l'intelligence il faut lui rendre hommage. Ah, que j'aurais aimé jouer à lui faire des passes, avant qu'elle ne se mésallie. »

Heureusement pour le frêle Ramsès, Adjib était sourd aux critiques, et ne comprenait pas les allusions.

« Oui, continua Ramsès, le jeu n'est honnête que si, parmi les trois joueurs d'une partie, aucun ne se connaît ou tous les trois se connaissent. Dans ces deux cas, il n'y a pas d'alliance deux contre un. Les équipes de trois doivent être constituées pour que seuls des inconnus ou des amis jouent ensemble.

– Aucun des six finalistes qui restent en lice ne devrait connaître les autres, après tous ces éliminatoires, intervint la petite Zéphyr, les joues empourprées par l'excitation du jeu.

– Pas sûr, ma fille, lui répondit Irvana. Peut être reste-t-il des comparses qui ont éliminé tous les autres !

– Attention, les six candidats vont être appariés en deux équipes de trois. La gentille Zéphyr va annoncer la constitution des trios, s'écria Chahmazane. Mais pourquoi Ramsès est-il en si grande conversation avec le grand vizir ? Il retarde le jeu. »

Enfin, cet empoté de vizir, après consultation de Ramsès, avait indiqué à Zéphyr la constitution des deux ensembles de trois compétiteurs.

Le grand vizir voulait être équitable : il savait quels joueurs se connaissaient ou non. Et Ramsès lui avait prouvé qu'il existait nécessairement, parmi les six, soit trois personnes étrangères l'une à l'autre, soit trois comparses. Et il avait indiqué un bon choix à Zéphyr. Au moins une partie serait honnête.

Chahmazane n'était plus intéressé par la partie. Il avait entraîné le mathématicien Ramsès dans une salle attenante.

« Comment pouvez-vous être certain de ce que vous avancez, petit mathématicien. S'il y a six personnes, comment être absolument sûr que trois d'entre elles ne se connaissent pas ?

– Je dis simplement que trois d'entre elles sont comparses ou que trois ne se connaissent pas, nuança Ramsès. Et je vais vous le montrer. Plaçons, continua Ramsès, les six joueurs aux sommets d'un hexagone. Deux joueurs qui se connaissent sont reliés par un fil à un brin ; s'ils ne se connaissent pas ils sont reliés par un fil à deux brins.

– Et vous allez construire un triangle bleu ou un triangle rouge avec tous les segments qui relient les joueurs deux à deux, interrompit Irvana, qui se sentait pousser des ailes mathématiques. Un triangle à un brin indique trois personnes qui ne se sont jamais vues, un triangle à deux brins symbolise trois comparses.

– Et oui, triompha Ramsès. »

Ramsès expliqua que de chaque sommet rayonnent cinq segments symbolisant les relations avec les cinq autres joueurs. Comme il n'y a que deux types de liaison, au moins trois segments à deux brins ou trois segments à un brin sont issus d'un sommet. Disons trois segments à deux brins. Les points d'arrivée de ces trois segments doivent être reliés par des segments à un brin, sinon on a tout de suite un triangle à deux brins. Mais alors ces trois segments à un brin constituent un triangle à un brin. Et voilà, s'exclama-t-il. Si l'on veut éviter un triangle à deux brins, on obtient un triangle à un brin. Il y a au moins un triangle à deux brins ou un triangle à un brin.

Chahmazane se fit répéter l'argument lentement et s'en trouva finalement convaincu.

« Brillante démonstration, Ramsès. Elle montre les limites du désordre. Retournons voir l'issue de la partie. »

Deux joueurs avaient gagné la finale de la passe à trois, et s'étaient partagés les prix. Mais quelle ne fut pas la colère des spectateurs quand les vainqueurs partirent ensemble sur les chameaux de la Compagnie du Narguilé moderne.

« Ainsi un problème de logique est démontré par la géométrie. Cette démonstration illustre l'interpénétration des mathématiques. Le théorème selon lequel quand on relie six points du plan deux à deux par des segments de deux types, on forme nécessairement un triangle, est un des théorèmes démontré par le mathématicien anglais Franck Ramsey (1903-1930). Ce résultat peut être transformé en un jeu : on trace six points sur une feuille de papier et chacun des deux joueurs doit, à son tour, relier deux points par un segment de sa couleur. La partie se termine lorsqu'un des deux joueurs a formé un triangle : le théorème de Ramsey nous assure qu'il n'y a pas de parties nulles. On décide si la constitution d'un triangle fait gagner ou perdre la partie.

La théorie des graphes, dont le problème de Ramsey est un exemple, continua Chahrazade, porte sur les configurations de points et de segments reliant deux segments, comme les cartes où les trajets aériens entre les capitales sont indiqués par des segments. Le célèbre problème des conduits devant relier trois maisons à ses fournisseurs de gaz, d'eau et d'électricité est peut-être le plus célèbre : dans un plan, si les conduits n'ont pas le droit de se couper, il n'y a pas de solution. »

À ce moment de la narration, Chahrazade vit apparaître le matin, et discrète, se tut.

Trente-quatrième nuit

PASSE-MOI UN CHAMEAU

Le marchand de tapis Aboul-Hassan ne voulait plus entendre parler de transport. « Avec mon commerce de transport à dos de chameau, je perds tout mon argent. Mon expert en marketing du caravaning est nul. Je vais me recentrer sur mon métier de base, la vente de tapis à Samarkand. Et les tisserands assureront le transport eux-mêmes ! »

Aboul-Hassan était d'humeur expéditive*. Il appela l'imam Matrouna et lui fit part de sa décision.

« Facile à dire, lui rétorqua Matrouna, mais le partage ne va pas être évident. Les lois d'Allah sont strictes. Le Coran t'impose de donner la moitié de tes 17 chameaux à ton fils aîné, le tiers à ton fils cadet, et un neuvième à ton plus jeune fils. Et rien à tes multiples filles, évidemment. Que feraient-elles de chameaux, ces pauvres chéries ?

– Et elles compliqueraient le partage, acquiesça Aboul-Hassan.

– Qui est déjà assez difficile comme cela. Je m'interroge, dit Matrouna : que va faire ton fils aîné de huit chameaux et demi ?

– Il est vrai que la moitié de 17 est huit et demi. Il va falloir couper un chameau en deux. Et pour ton troisième fils, il faudrait couper

* Ce qui est adéquat pour un transporteur.

les chameaux en neuf parts égales pour qu'il obtienne son dû. Il prendra dix-sept parts des chameaux découpés. Absurde carnage ! Pire que Salomon. »

Aboul-Hassan se plaignait de la dureté de la loi coranique. Et Matrouna était meilleur théologien que mathématicien. Aussi dépêcha-t-il son apprenti, pour qu'il invite Kesra, le barbier, à se joindre à leur conversation.

À regret, car Kesra, bon mathématicien, était un terrible raseur (comme tous ceux de son espèce, prétendait le géologue royal). Sa conversation était si insipide, si ennuyeuse qu'il trouvait peu d'interlocuteurs**. Mais le fait était là : le barbier rasait tous les gens qui ne se rasaient pas eux-mêmes. Et s'il était si triste, c'est peut-être qu'il se rasait lui-même…

« Je connais le problème, affirma Kesra. Il me revient une histoire…

– Vous nous la raconterez après, l'interrompit Aboul-Hassan, qui craignait l'anecdote mathématique.

– D'après la théorie diophantienne, et les travaux de Croft et Guy, qui surent se débarrasser du fatras structuraliste pour s'intéresser à des problèmes concrets, et selon les analyses de…

– Bref ? l'interrogea Matrouna.

– Bref, il faut que vous empruntiez un chameau. »

Kesra, boudeur, donna la solution, avec une concision dépitée. «Dix-sept plus un égal dix-huit. Dix-huit divisé par deux est égal à neuf : neuf chameaux pour votre aîné. Votre second fils a dix-huit divisé par trois, soit six chameaux. Et le plus jeune, deux chameaux. »

Aboul-Hassan exultait :

« J'ai compris. Et comme la somme de neuf plus six plus deux est dix-sept, on peut rendre le chameau emprunté. C'est miraculeux.

– Non ce n'est pas miraculeux, ces résultats sont issus d'une branche utile des mathématiques diophantiennes qui s'inscrivent dans la théorie de… »

Kesra était reparti.

** Encore ce mathématicien parlait-il. Nombre d'entre eux sont plus renfermés, à la limite de l'introversion. On dit qu'un mathématicien extraverti est celui qui fixe *vos* chaussures en vous parlant.

« Ce n'est pas miraculeux, surtout parce que la somme 1/2+1/3+1/9 est égale à 17/18, et non pas égale à 1, remarqua Matrouna. Vous ne distribuez pas tout et avec 18 chameaux, la part que vous ne distribuez pas est un chameau. Car 1/18 de 18 est égal à 1. Donc, vous en empruntez un et vous le rendez après. »

Aboul-Hassan avait réglé son problème. Kesra était parti sur une dernière petite histoire inintéressante. Hélas pour la patience et la tranquillité du marchand de tapis, ses trois filles, envieuses des présents accordés aux garçons, vinrent lui demander de partager les bagues de son trésor.

« La peste des partages, il va falloir rappeler le fétide Kesra. Quelle doit être la proportion pour chaque fille ? demanda Aboul-Hassan à Matrouna.

– La moitié à votre première fille, le tiers à la seconde, le septième à la troisième. Et vous avez 41 bagues à distribuer… répondit Matrouna.

– Pas difficile, c'est la même solution, s'exclama Aboul-Hassan. On emprunte une bague que l'on rend après. Avec 42 bagues, l'aînée prend 21 bagues, la seconde 14, et la petite dernière, toujours défavorisée, six bagues. Et on rend la bague empruntée. J'annoncerai nos décisions demain à mes enfants. »

Content de ce brillant résultat, il fit circuler la bouteille de vin de Samos. Il profitait de la douceur du temps, de la difficulté maîtrisée par l'intellect, de sa conscience en paix. Un tumulte l'inquiéta ; la porte s'ouvrit avec fracas, et une matrone s'avança radieuse.

« Votre femme a de nouveau accouché, s'exclama la matrone. Toutes mes félicitations.

– Selon que c'est un garçon ou une fille, il va falloir refaire l'un des partages, gémit Matrouna.

– Non, les deux, rayonna Aboul-Hassan ! Ma femme a eu des jumeaux, un gros garçon et une gentille demoiselle… Quelle est la part du dernier né, Matrouna ? »

« Ainsi en est-il de tous les partages où la somme de fractions, correspondant aux parts, est égale à 1-1/n, et le nombre d'objets à distribuer, égal à n-1, résuma Chahrazade. De plus, toutes ces fractions ont un numérateur égal à 1. Ce type de fraction est très utilisé par nos mathématiciens égyptiens : on les appelle les fractions égyptiennes. »

À ce moment de la narration, Chahrazade vit apparaître le matin, et discrète, se tut.

TRENTE-CINQUIÈME NUIT

LA VITESSE DE LA LUMIÈRE

Zéphyr était rapide... et prétentieuse : « Je cours incroyablement vite, prétendait-elle. Le matin, avant de sortir, je souffle ma lampe à huile de ma table de nuit, et quand je suis sur le pas de la porte, sa lumière m'éclaire encore*. Quand j'entre dans ma chambre, j'allume la lampe près de la porte, et je suis sous les draps avant même que le lit ne soit éclairé.

– Je croyais la vitesse de la lumière insurpassable, même par l'ombre, même par ma fille, s'étonna Adjib. Il faudra interroger le physicien.

– Peut-être, mais pas ici, supplia Irvana. Les conversations de physiciens sont particulièrement abstraites et ils s'occupent de problèmes qui ne m'intéressent pas, alors qu'il en est tant de plus urgents qui ne les préoccupent guère.

– Par exemple ? lui demanda Adjib.

– Par exemple, je voudrais que les physiciens me disent s'il fera beau demain pour ma garden-party avec les anciennes élèves de l'École Noble et Admirable. Cela, ils ne peuvent le prédire. Mais pour vous bassiner pendant des heures sur la vitesse de la lumière, ils sont inégalables.

---

* Il faut éteindre la lumière très vite pour voir à quoi ressemble l'obscurité.

– Nous allons convoquer Djiwân le Kourde dans mes appartements, proposa le roi Chahmazane. Le problème m'intéresse, mais je ne nous vois pas déambuler dans la canicule des rues de Samarkand pour aller lui rendre visite. Dites bien à Djiwân qu'il y aura des fraises, intima-t-il au messager. »

Djiwân était famélique, et son appétit… féroce : il se saisissait d'énormes poignées de fraises qu'il projetait d'un mouvement tournant au fond de son gosier où elles disparaissaient comme dans une caverne sonore. Zéphyr était admirative. Les fraises eurent bientôt disparu, et Djiwân, stupéfait d'une subite absence, leva les yeux. Il rencontra le regard courroucé d'Irvana, et piqua du nez. Chahmazane lui rappela le motif de sa visite.

« Existe-t-il une vitesse limite, que rien et nul ne peut dépasser, interrogea-t-il ? Même notre petit Djinn Ibliss ?

– Pourquoi une vitesse infinie est-elle impossible ? continua Adjib.

– Cette dernière question est meilleure, répondit le physicien. Je réponds : parce que, dans les phénomènes physiques, l'effet suit la cause**. »

Ce disant, il se saisit d'une boule de billard blanche qu'il lança et qui vint frapper la boule rouge.

« La cause du mouvement de la boule rouge est le choc avec la blanche, continua-t-il. La cause du choc est le mouvement de la boule blanche. Les causes précèdent les effets. La cause, la cause, la cause, voilà la cause*** de la vitesse limite.

– Absurde, intervint Irvana. Hier mon chien poursuivait un lapin, le lapin précédait mon chien, donc le lapin, selon vous, était la cause du chien.

– La peste soit de notre raisonneuse, marmonna Djiwân. Je n'ai pas dit que tout ce qui précède est une cause de ce qui suit… D'autre part il est vrai, ma chère Irvana, que le lapin est la cause de la course du chien.

– Irvana, laisse, s'il te plaît, le physicien nous expliquer la vitesse de la lumière.

– Si des objets pouvaient se déplacer à une vitesse infinie, l'effet se produirait en même temps que la cause, et l'on ne pourrait les dis-

** Les causes les plus difficiles à déterminer sont celles qui n'ont aucun effet.

*** Cause toujours.

tinguer. Ce serait la fin de la physique... car les explications du monde sont fondées sur l'identification des causes. L'Univers serait à jamais incompréhensible si des corps se déplaçaient à vitesse infinie.

– Et les physiciens seraient inutiles. Bon vent, s'exclama Irvana.

– Et quelle est la vitesse limite ? s'enquit Chahm-azane, dédaignant les remarques intempestives d'Irvana.

– Pour l'instant, nous les physiciens, pensons que c'est la vitesse de la lumière, pontifia Djiwân. Les particules de lumière, les photons comme les appelleront les physiciens du futur, sont de masse nulle. C'est pour cela qu'elles peuvent aller aussi vite. On voit mal quelle particule pourrait aller plus vite que des particules sans masse.

– Se déplacent-elles toujours aussi vite ? s'enquit Adjib.

– Et oui, répliqua Djiwân. Ces particules vont toujours à la vitesse de la lumière. Quand vous voulez les ralentir, vous les détruisez irrémédiablement. Les photons ne sont pas ralentis, ils sont absorbés, et donc détruits. Et l'on ne peut les accélérer non plus en leur ajoutant de la vitesse.

– Comment cela, s'étonna Ibliss. Mon grand tapis volant se déplace à la vitesse de la lumière, car il est magique. Zéphyr s'amuse quelquefois à courir sur le tapis, pour dégourdir ses jambes fuselées.

– Et quand je cours sur le tapis, je dois aller plus vite que la lumière, pour mon père qui me regarde à travers son télescope. À la vitesse du tapis, j'ajoute ma vitesse propre, s'exclama-t-elle.

– Et bien non, ma chère enfant. La vitesse de la lumière, plus quelque chose, c'est toujours la vitesse de la lumière, lui expliqua Adjib. Quand tu cours avec une lampe allumée, la lumière émise par la lampe ne va pas plus vite. Et ta petite histoire du début était invraisemblable : nul ne peut aller plus vite que la lumière. »

« Avez-vous entendu parler de Lucky Luke qui tire plus vite que son ombre ? intervint Chahrazade, primesautière. Cela n'a rien que de très normal. Les particules de lumière doivent aller du bras qui tient le revolver à l'endroit où se produit l'ombre ; elles prennent un certain temps pour effectuer le trajet. Les prétendus exploits de Lucky Luke sont imposés par la physique. En revanche, l'ombre peut aller plus vite que la lumière, mais c'est une autre histoire : l'ombre n'est pas un objet physique. Aujourd'hui, toutes les lois de la physique sont compatibles avec une vitesse ultime, celle de la lumière, égale à 300 000 kilomètres par seconde. Même si l'on trouvait des particules super lumineuses, leur vitesse resterait finie pour conserver la loi de cause à effet.

On peut envisager, Newton en a exprimé l'idée, des mondes où les lois de la physique seraient autres. Ils sont très difficiles à imaginer et nombre de physiciens s'interrogent sur l'intérêt de telles recherches : aussi loin que l'on observe l'Univers, les lois trouvées sur Terre sont vérifiées. »

À ce moment de la narration, Chahrazade vit apparaître le matin, et discrète, se tut.

Trente-sixième nuit

LA CHUTE DES CORPS

Les intrépides plongeaient du rocher en surplomb. Zéphyr avait ce courage, qui l'étonnait elle-même. Elle s'élançait en poussant un petit cri aigu qui trahissait son émotion. Sa mère, Irvana, naïade plus prudente, coulait une brasse posée, la tête bien hors de l'eau et les narines pincées, dans la posture hiératique du cygne. Elle morigénait Zéphyr qui sautait à côté d'elle, engendrant des tourbillons fluides peu agréables à son hydrophobie.

Chahmazane, royal et magnifique, parut dans la splendeur de son ensemble de bain. Les couronnes brodées en surépaisseur accentuaient les généreuses rotondités de sa cinquantaine épanouie. Il se hissa au sommet du rocher-plongeoir et sauta dans l'onde rafraîchissante, créant un petit mascaret. La foule applaudit, et Irvana recracha deux gorgées d'eau.

« Quel plongeon, Sire, et avec quelle vitesse vous arrivez dans l'eau ! Votre célérité est d'autant plus grande que votre Majesté est imposante…

– Et oui, s'enorgueillit Chahmazane, comme je suis le plus lourd des plongeurs, c'est moi qui arrive le plus vite dans l'eau.

– Et non, l'interrompit Abdul le physicien. »

Abdul était un physicien théoricien qui avait vu diminuer ses crédits de recherche. Pour survivre, il écrivait des nouvelles de science fiction où des femmes voluptueuses en petite tenue étaient enchaînées à la cinquième dimension. Il était venu chercher ses modèles de beauté à la baignade, mais il ne pouvait oublier ses principes de physique.

« Et pourquoi non, le foudroya Chahmazane, qui tombait de haut*. Ne suis-je pas le mieux nourri et le plus lourd de tous ?

– Certes, répondit Abdul. Mais vous n'en arrivez pas plus vite dans l'eau. La vitesse de chute d'un corps ne dépend pas de sa masse. Zéphyr, votre fluette petite fille, tombe aussi vite que vous…

– Lèse-majesté s'écria le grand vizir. Nul n'égale notre roi.

– Et si, poursuivit Abdul, qui était de gauche : la gravité est absolument démocratique. Tout le monde est égal devant elle. Et je vais vous le prouver. »

Chahmazane commanda à tout le monde de s'asseoir. On disposa des tabourets et le trône-pliant XXXL du roi, lequel aimait suivre confortablement les exposés magistraux.

« Nous allons tenir séance sur la gravité, affirma-t-il.

– Et vous avez des mines de circonstances, persifla Zéphyr, qui n'aimait pas les heures supplémentaires de physique. »

Abdul ignora l'impertinente, se saisit d'un galet et le laissa tomber.

« Voyez-vous, expliqua-t-il, ce galet arrive à une certaine vitesse au sol.

– Laquelle ? l'interrompit le grand vizir.

– Peu importe, cela n'intervient pas dans mon exposé, répondit Abdul. Supposons que je trouve un galet absolument identique. Lâché de la même hauteur, il arrivera évidemment au sol à la même vitesse que son homologue et après le même délai.

– Évidemment, s'exclama le grand vizir, rien ne change. Il ne faut pas être grand clerc, ni attribuer des financements de recherche somptuaires pour ce genre de conclusion…

– Deux expériences identiques donnent évidemment le même résultat, conclut Chahmazane, qui rayonnait de compréhension.

– Supposez maintenant que nous lâchions ensemble les deux galets : ils arriveront au sol en même temps. Alors relions-les par un fil très léger, et faisons-les de nouveau tomber : ils arriveront au sol ensemble, comme auparavant.

– C'est du kif, affirma, dans sa langue populaire, Zéphyr.

* De plus, il était tombé bien bas.

– Et pourtant la masse de l'objet est double, continua Abdul. Donc la vitesse de chute d'un corps ne dépend pas de la masse**. Étonnant n'est-il pas vrai ? »

Le grand vizir était interloqué. Il se demandait comment un raisonnement aussi simple amenait une conclusion aussi surprenante. L'hébétude de son regard trahissait sa perplexité.

« Comment, s'interrogeait-il, l'intuition peut-elle être aussi fausse chez la plupart des gens ? L'ensemble de la population ne comprend rien à la physique***. »

Zéphyr avait des fourmis dans les jambes et invita son grand-père à des activités plus ludiques.

« Viens plonger avec moi, Papy. »

Chahmazane, heureux de cette diversion, harangua la foule :

** La démonstration d'Abdul ne tient que pour des corps de constitution identique. La généralisation à des corps de nature différente est une hypothèse, toujours vérifiée jusqu'à présent, mais qui est périodiquement remise en cause : la force d'attraction pourrait-elle dépendre de la composition des corps ?

*** L'ensemble de la population s'oppose aux mouvements de masse !

« Pour ceux qui n'ont pas compris nos conclusions, plastronna-t-il, nous allons Zéphyr et moi, faire l'expérience. Regardez et instruisez-vous... »

Chahmazane et Zéphyr s'élancèrent ensemble et trouèrent l'eau simultanément dans une gerbe d'écume qui aurait fait hurler de rage Irvana si elle avait pu parler la bouche pleine d'eau.

« C'est Galilée qui prouvera, en lâchant une sphère de bois et une sphère de métal du haut de la Tour de Pise, que la vitesse de chute d'un corps ne dépend pas de sa masse, commenta Chahrazade. La résistance de l'air modifie un peu le phénomène, mais dans le vide, le Baron hongrois Loránd Eötvös, au XIXe siècle, perfectionnera et confirmera la mesure. La pesanteur est la force qui nous attire vers la Terre et elle est proportionnelle à la masse. Comme l'accélération due à cette force est inversement proportionnelle à la masse, les deux effets s'inversent et quelle que soit la masse, la vitesse de chute est la même, comme le montrera l'Anglais Newton. »

À ce moment de la narration, Chahrazade vit apparaître le matin, et discrète, se tut.

Trente-septième nuit

LA DÉVIATION DE LA LUMIÈRE

Le tapis volant de Yatagan vrombissait au-dessus de la plage. Bel engin de cent cinquante chameaux fiscaux. Et avec la lampe d'Aladin dans la boîte à babouches, aucune prouesse ne lui était impossible. Yatagan embarqua huit personnes pour un voyage dans les étoiles une visite des comètes et des pulsars horlogers. Zéphyr serrait la main de son grand-père, le roi Chahmazane, qui puisait tout son courage d'aéronaute dans l'exemple qu'il devait montrer à sa petite fille. De son autre main, Zéphyr serrait un bouquet de fleurs que son ami Zifrah lui avait donné avant de partir.

La Terre était toute petite, une petite boule bleue. Yatagan prévint qu'il allait couper les gaz.

« Accrochez-vous, nous allons nous immobiliser, remarqua Irvana.

– Non, nous n'allons pas nous arrêter, Madame, nous allons plutôt continuer notre voyage à la vitesse que nous avions avant d'arrêter les moteurs. »

Irvana détestait Abdul le physicien qui la contredisait perpétuellement. Et, pour aggraver son cas, l'animal avait toujours raison…

« Quand aucune force ne s'exerce sur un corps, sa vitesse reste constante, il ne s'arrête pas, insista-t-il.

– Troublant, nota Chahmazane.

– Nous sommes juste au-dessus de la plage dont nous sommes partis, remarqua Yatagan.

– Je vais lâcher mon bouquet de fleurs : il va tomber droit dessous et mon romantique Zifrah l'attrapera.

– Et non. Si tu ne tiens plus le bouquet, il continuera sa course avec nous, à la même vitesse. Fais l'expérience, jeune Zéphyr. »

Zéphyr lâcha le bouquet et vérifia les dires d'Abdul.

« Quand les moteurs ne marchent pas, le tapis volant ne peut servir de bombardier, remarqua Yatagan. Comme le bouquet, les bombes accompagnent le vaisseau spatial. Quel dommage ! »

Les volontés guerrières du soudard exaspéraient le pacifique Chahmazane. Le roi lui enjoignit de remettre les gaz.

Le tapis bondit dans l'absence d'air et ils se dirigèrent vers la Grande Ourse. Yatagan faisait looping sur looping ; le cœur sur les lèvres, Irvana lui enjoignit de cesser ses acrobaties.

Abdul profita du calme sidéral pour y aller de son petit discours.

« Nous sommes loin de tout objet céleste et l'attraction gravitationnelle est nulle. Nous ne pesons plus rien. Regardez comme notre bon roi Chahmazane est leste : il vient de faire un saut en s'appuyant sur le tapis, et il flotte dans l'espace en tournant au-dessus de notre objet volant. Faisons une expérience. Demandez à Yatagan, ô bon roi, de relancer sa machine en accélérant constamment ! »

Chahmazane acquiesça et fit un geste autoritaire pendant qu'il continuait sa galipette. Le tapis accéléra perpendiculairement à son plan, et Chahmazane chut lourdement. Les astronautes étaient pressés contre leur siège, comme sur Terre.

« Voyez-vous, commenta Abdul, les yeux fermés, vous pourriez croire que vous êtes soumis à la gravitation. On ne peut distinguer un champ de gravitation et un mouvement uniformément accéléré.

– D'autant que si je lâche deux sphères, elles tombent ensemble sur le tapis, nota le grand vizir.

– Par rapport à l'espace elles sont immobiles, confirma Abdul. C'est le tapis qui les rattrape. Comme la gravitation et le tapis uniformément accéléré ont le même effet, nous voyons, là encore, pourquoi tous les corps tombent à la même vitesse : tout se passe comme si les objets étaient rattrapés par la terre. »

Le grand vizir Masrour eut un air entendu. Chahmazane pensait à l'agrément des tapis volants et aux beautés de la physique. Il prit l'air

béat de l'intellectuel à la vie intérieure riche. Yatagan regardait Irvana, et Irvana pensait à un septième ciel possible. Zéphyr troubla la quiétude générale.

« Et la lumière ?

– Et la lumière quoi ? sursauta Chahmazane.

– Est-ce que la lumière, dont la masse est nulle, est attirée par la masse d'un corps céleste, la Terre, par exemple ?

– Délicate question, mais, en gros, oui. Toutefois elle n'est pas accélérée, car la lumière va toujours… à la vitesse de la lumière. »

Abdul était ravi, la conversation était relancée.

« Nous allons voir pourquoi la lumière est attirée par une masse.

– Sa trajectoire va-t-elle être courbée, comme celle d'une planète gravitant autour d'une étoile ? interrogea le grand vizir Masrour.

– Exactement, répondit Abdul. Prenons cette lampe d'Aladin améliorée : elle émet un bref éclair de lumière dans la direction horizontale. Le tapis accélère verticalement. Pendant que la lumière va, horizontalement, d'une extrémité à l'autre du tapis volant, celui-ci monte. Donc, à l'extrémité du tapis opposée à la lampe, la lumière sera descendue, ce que l'on peut mesurer avec une règle. Comme le tapis accélère, la déviation vers le bas est égale au carré du temps.

– Comme chez nous sur Terre, la distance de chute d'un corps est égale au carré du temps écoulé. L'accélération est constante, la vitesse proportionnelle au temps, et la distance au carré du temps. » Masrour faisait d'immenses progrès.

– Répétons-le, un champ gravitationnel produit les mêmes effets qu'un mouvement uniformément accéléré. Aussi la lumière sera-t-elle attirée par la masse d'un corps. Voilà ce que nous voulions savoir.

– Voilà plutôt ce que ce cuistre voulait à toute force nous expliquer, siffla Irvana. Yatagan, on retourne à la maison. »

« La déviation des rayons lumineux par une masse, prédite par Albert Einstein, a été vérifiée lors d'une éclipse de Soleil, confirma Chahrazade. Une étoile derrière le Soleil, qui n'aurait pas dû être vue car masquée par le Soleil, était visible : la trajectoire des rayons lumineux avait contourné le Soleil et la modification de celle-ci était conforme à la théorie. Le raisonnement d'Einstein, que nous venons de revivre, est si simple, si " lumineux ", qu'il aurait pu être fait par Galilée, cinq siècles avant Einstein.

Les idées mettent longtemps à mûrir. On a, depuis quelques années, observé des mirages gravitationnels : le trajet de la lumière provenant d'étoiles lointaines est dédoublé par les masses qui s'interposent entre elle et nous. L'observation de la lumière courbée est un moyen de mesurer ces masses. »

À ce moment de la narration, Chahrazade vit apparaître le matin, et discrète, se tut.

Trente-huitième nuit

LE LABYRINTHE TERRIFIANT

Diadème, la nouvelle favorite du roi, avait été enlevée par les djinns maléfiques de Damvirate. Sans raison. Damvirate était la méchanceté même. C'était sa mauvaise action de la journée.

« Il a enfermé Diadème dans le labyrinthe terrifiant, et nous devons aller la délivrer, les avertit le djinn Ibliss. Il faut trouver un mathématicien intrépide et ne répugnant pas à l'aventure.

– Espèce rare, regretta Chahmazane, les mathématiciens sont casaniers. Demandons plutôt à Abdul. Les physiciens théoriciens sont quelquefois plus serviables. »

Abdul était disponible. Mais il fallait le persuader. Aussi dépêcha-t-on un messager pour l'inviter à déjeuner. Abdul arriva en courant, le processus de sécrétion de ses sucs gastriques fonctionnant à plein régime. Il fut impossible de capter son attention avant les desserts. Enfin Chahmazane put lui expliquer la mission salvatrice pendant qu'Abdul se confectionnait un sandwich de nougat aux loukoums.

« J'ai beaucoup étudié les labyrinthes. Il y a toujours une solution, chuinta-t-il. Repassez-moi le grand pot de confiture de roses. »

Ibliss s'affairait : le tapis volant était prêt et l'on arracha Abdul à ses délices gastronomiques.

Yatagan aux commandes, le tapis survola la mer périlleuse, la Banquise du Nord et se posa près de l'entrée de la caverne des Montagnes noires. Abdul et Ibliss pénétrèrent dans la caverne d'où partaient de nombreuses galeries. Le mugissement de la mer était couvert par le sifflement des vents qui s'engouffraient dans la caverne et se précipitaient dans les galeries.

Le labyrinthe maudit était le temple du mauvais temps. C'était là que les ouragans venaient se reposer avant de nouvelles tempêtes. Les galeries, les puits et les cavernes rugissaient de leur passage parsemé de feuilles*. Même Zéphyr venait faire de petites siestes dans l'abîme habité par les vents.

« Il faut trouver Diadème, pensait Ibliss. Quelle galerie prendre ?

– N'importe laquelle. Pour être certains de retrouver la sortie, nous garderons toujours la main contre le mur de gauche, affirma Abdul. Si l'architecte du labyrinthe n'a pas été trop malin, nous trouverons Diadème. »

La progression était difficile. Les tornades les ralentissaient et les rauques murmures des vents du large leur glaçaient le sang.

« Attention à cette rafale, prévint Ibliss, elle vient de la mer des Trépassés et emporte les âmes des noyés. »

Le tourbillon passa dans un souffle d'où s'exhalaient plaintes et gémissements.

Hélas, ils revinrent à la sortie sans avoir trouvé Diadème. Yatagan était inquiet.

« Ce labyrinthe n'est pas d'un seul tenant, aussi la méthode du suivi du mur de gauche ne fonctionne pas, constata Abdul. Elle permet de retrouver la sortie, mais pas d'explorer tout le labyrinthe.

– Et Diadème est perdue, interrogea Yatagan ?

– Heureusement non, rétorqua Abdul, utilisons une autre méthode. Nous allons explorer systématiquement toutes les galeries du labyrinthe en partant de la galerie la plus à gauche. À chaque fois que nous débouchons sur une place ou un embranchement, nous prenons la galerie à gauche de celle déjà parcourue en marquant les parois comme précédemment. Ainsi nous serons certains de retrouver Diadème.

– Et l'on ne reprend jamais un couloir déjà parcouru quand il y a deux marques, remarqua Ibliss. »

---

*Les tourbillons sont végétariens.

Ils prenaient bien soin de ne reprendre qu'en dernier la galerie qu'ils avaient empruntée en premier, celle où il n'y avait qu'une croix.

« Enfin nous y sommes, s'écria Ibliss. »

Au détour d'un carrefour, ils trouvèrent Diadème enchaînée. Ibliss se joua du cadenas et ils la libérèrent.

Un petit zéphyr amoureux avait pris en amitié la jeune fille, et l'avait réchauffée de son souffle tiède. Cette attention l'avait sauvée. Dès qu'elle fut désentravée, Diadème se blottit dans les bras d'Abdul libérateur.

« Retournons au plus vite à la sortie, lui susurra-t-elle.

– Le plus sûr est de continuer selon la méthode que nous avons utilisée jusqu'à présent assura-t-il. Nous explorerons chaque galerie jusqu'à la sortie. »

Ils poursuivirent leur périple, accompagné du petit zéphyr qui les protégeait vaillamment des tumultes glacés. Enfin, ils débouchèrent à l'entrée de la caverne et retrouvèrent Yatagan et son tapis.

Hélas, le petit zéphyr ne pouvait abandonner la caverne ; de la rosée larmoyante dans le souffle, il leur souhaita bon vent.

Quelques instants plus tard, le tapis volant se posait sur les marches du palais, Diadème toujours pendue au bras d'Abdul. Chahmazane, plein de reconnaissance, commandait déjà le festin de leur retour.

« Je veux toujours rester à tes côtés, chuchota, rosissante, Diadème à l'oreille d'Abdul.

– Très bonne idée, répondit notre glouton. Tu pourras ainsi me beurrer les tartines, ouvrir les huîtres et dénoyauter les fruits. »

« Chahrazade s'était intéressée aux labyrinthes : ils furent à la Renaissance, l'œuvre des jardiniers qui construisirent des galeries en futaies, comme à Hamstead en Angleterre et à Chantilly, dit-elle. Les architectes bâtisseurs de cathédrales dessinèrent aussi des labyrinthes sur le sol. La "lieue de Jérusalem" de la collégiale gothique de Saint-Quentin, en France, est un labyrinthe d'un seul tenant, on dit aussi connexe. Pour un tel labyrinthe, le contour des parois est une courbe fermée et de longueur finie : on sait qu'en parcourant une telle courbe on revient à son origine. Les Indiens d'Amérique ornaient les couvertures de chevaux de motifs labyrinthiques connexes. La méthode d'exploration systématique que nous avons exposée, due au mathématicien français Tarry, date de 1895.
Ne vous est-il pas arrivé de garer votre voiture dans un quartier inconnu, puis, au moment de la reprendre, de ne plus vous souvenir où vous l'avez garée ? Vous vous retrouvez dans la position du voyageur dans le labyrinthe. Utilisez la méthode de Tarry... »

À ce moment de la narration, Chahrazade vit apparaître le matin, et discrète, se tut.

Trente-neuvième nuit

LES PONTS DE SCHAHVILLE

« Il faut que vous fassiez de l'exercice, Sire, vous êtes trop…

– Je sais, je sais, maugréa Soliman.

– Vous devriez essayer la course à pied. Avant chaque repas, faites le tour de votre ville, en empruntant chacun des sept ponts.

– Quelle corvée ! Me joindre aux pratiquants de la course à pied ? Pas très excitant. Le dimanche matin, quand je fais ma promenade en carrosse, je ne peux tourner sans rencontrer une horde de coureurs poussifs et puants de sueur qui barrent la route en phalanges suicidaires.

– Mais pensez à votre santé, Sire. Vous retrouveriez la légèreté de vos années d'adolescent. Et cela vous mettrait en appétit.

– Ah oui ? Si c'est pour cela, je peux faire un effort. Vive la santé.

– Nous voulons vous garder en bonne santé, dit Kadour le grand majordome, afin que vous continuiez à nous combler de bienfaits.

– Alors, une fois seulement, accepta Soliman. Je veux ne parcourir chacun des ponts qu'une fois. Pas de zèle. Et vous me préparerez un petit en-cas sur chaque pont. »

« Un goinfre, marmonna Kadour, et il faudra préparer sept repas…

– Complets, lui ordonna Soliman qui avait l'oreille fine et la gastronomie impérieuse. »

Le palais de Soliman était sur une île reliée par cinq ponts à l'autre île et aux deux rives de la rivière. Sur la seconde île, un premier pont au dessus de la rivière rejoignait une rive et un autre la rive opposée.

Kadour, oreille attentive et bon vouloir, s'était chargé de l'itinéraire du roi. Il griffonnait un manuscrit comme un malade. Il perdait patience et, pâle d'énervement, s'inquiétait :

« Je ne réussis pas à établir un trajet qui parte et revienne au palais royal en parcourant les cinq ponts », gémissait-il.

Le vice-grand majordome ben-Bekar, qui voulait devenir grand majordome, espérait une promotion. Il appela à la rescousse le mathématicien Rehm*, acariâtre mais compétent, pour qu'il trouve la solution.

« Impossible, annonça Rehm, laconique.

– Pourquoi donc, interrogèrent ensemble ben-Bekar et Kadour.

– Quand vous partez de l'île A et que vous devez y revenir, vous empruntez deux ponts. Tout trajet quittant A par un pont et y revenant par un autre traverse un nombre pair de ponts. Or cinq est un nombre impair, donc il n'existe pas de trajet. »

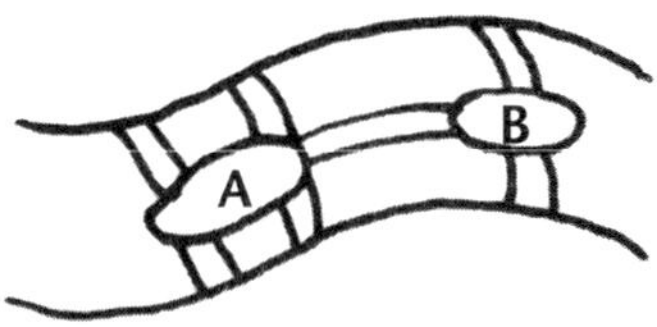

Les majordomes étaient atterrés. Rehm allait se retirer quand ben-Bekar crut avoir une idée.

« Construisons un palais annexe sur l'île B, proposa-t-il. Notre bon sire partira de son palais sur l'île A et ira prendre son prochain repas sur l'île B. Comme cela, il ne devra pas revenir sur l'île A et parcourra une seule fois les cinq ponts.

– Il y a trois ponts sur l'île B, un pour y arriver et les deux autres ponts pourront n'être traversés qu'une seule fois, un aller sur l'un, un retour sur l'autre. Nous allons faire une demande de crédit pour construire le nouveau palais. Il partira de l'île A et arrivera sur l'île B, affirma Kadour.

– Inutile, les interrompit Rehm. Les deux berges C et D sont munies de trois ponts. Trois est un nombre impair. Ai-je besoin de continuer ?

* De prénom Théo, comme Théo dort, Théo file, et Théo rit.

– Peut-être, pour les esprits moins vifs que les nôtres, suggéra Soliman. Continuez pour Kadour.

– Les zones ayant un nombre impair de ponts doivent être des zones de départ ou d'arrivée, précisa Rehm. Les quatre zones sont reliées aux autres par un nombre impair de ponts. Comme il ne peut y avoir qu'un départ et une arrivée, au total deux et non quatre, le trajet est impossible.

– Si je dois passer deux fois par le même pont, je renonce, conclut Soliman.

– Alors sire, il faudra changer de régime, le prévint Kadour. »

Soliman fronça ses sourcils royaux.

– Alimentaire s'entend, nota Rehm. »

« Le mathématicien suisse Leohnard Euler inventa, au XVIII*e, une nouvelle discipline mathématique, la topologie, initialement dénommée géométrie de position, sur un exemple de même nature, le problème des ponts de Königsberg. C'est la géométrie des objets en caoutchouc, déformables à volonté où la grandeur des objets ne joue aucun rôle. Si vous réalisez une maquette en caoutchouc de la ville de Königsberg, vous pourrez l'étirer ou la comprimer, le problème du trajet reste le même tant que vous ne la déchirez pas pour ajouter un pont, pontifia Chahrazade. »*

À ce moment de la narration, Chahrazade vit apparaître le matin, et discrète, se tut.

QUARANTIÈME NUIT

LE CHAOS

L'air était sec et brûlant. Les paysans suants* étaient venus confier leur inquiétude à Chahmazane, roi de Samarkand. « Pas la moindre goutte de pluie depuis des lustres, s'impatientaient-ils. Nos maigres cultures sèchent sur pied.

– Même les courgettes ? s'inquiéta le roi.

– Surtout les courgettes, insistèrent les paysans.

– Alors le problème est grave. »

Chahmazane avait un faible pour les cucurbitacés**.

Il fit venir son grand-prêtre Latifa faiseur de pluie. Et lui demanda d'aider l'agriculture royale.

Latifa commença par sacrifier une chèvre. Sans effet. Le djinn Ibliss ricanait. Puis une seconde chèvre : sans plus de résultats. Les paysans marmonnaient.

« Seigneur, arrêtez son bras, enjoignit Ibliss, cela ne sert à rien. »

Chahmazane stoppa le massacre caprin et d'un sourcil levé, interrogea Ibliss.

« Les pluies et le beau temps semblent refléter le caprice des dieux, dit notre savant petit djinn. Évidemment, il n'en est rien.

* Les fronts des paysans suent, ceux des intellectuels perlent de gouttes de rosée.

** Ses servantes aussi, sutout la variété « Rêve de jeune fille ».

Tout est déterminé par les mouvements de l'air dans l'atmosphère, l'ensoleillement, l'inclinaison de la Terre. Le climat général*** est calculable. Tout est prévisible.

– *Que sera, sera,* chantonna Zéphyr. »

Hossein était revenu à la cour et intervint.

« Les prévisions climatiques sont calculables, pas les prévisions météorologiques. Pour prévoir l'évolution du temps avec certitude, il faudrait connaître avec une extraordinaire précision la position de toutes les particules de l'atmosphère, toutes les températures du sol, de l'eau et de l'air.

L'équilibre de l'atmosphère est instable. La plus petite incertitude dans une des données modifie grandement les résultats.

– Vous voulez dire, s'enquit Ibliss, que même quand les lois sont connues, on ne peut en déterminer les résultats.

– Parfaitement répondit Hossein. Le battement des ailes d'un papillon**** dans un pays lointain peut totalement changer le temps à Samarkand.

– Qu'on fasse battre les ailes d'un papillon aux confins du royaume pour faire pleuvoir ! s'exclama Chahmazane.

– Qu'on extermine les papillons qui sont source de beau temps, dit la foule. »

Hossein s'étonna de l'incompréhension royale.

« Le papillon était un exemple de la précision nécessaire, Sire, pas d'une cause possible.

– Alors le temps est une fatalité. À quoi servent la physique et les mathématiques, interrogea Chahmazane ? Si le grand-prêtre est impuissant et les scientifiques résignés, adieu mes courgettes. »

Les paysans levaient leurs instruments aratoires en signe de menace. La révolte grondait. Les plus courroucés hurlaient contre le souverain. Ibliss tenta de les raisonner.

« Nul autre souverain ne ferait mieux que votre roi, leur affirma-t-il. Votre révolution n'amènera pas la pluie.

– Que l'on ouvre les greniers royaux pour nourrir ces pauvres affamés, commanda Chahmazane. C'est moi ou le chaos. »

Il n'aurait pu mieux dire : le climat, parfaitement déterminé par les lois de la physique, est chaotique.

*** Le climat est ce que l'on souhaite, le temps est ce que l'on a.

**** Le papillon est la version actualisée du nez de Cléopâtre.

« C'est comme le mouvement de la bille à la roulette, s'exclama Zéphyr. Si l'on connaissait avec précision la vitesse et la position de départ de la bille, on pourrait déterminer avec certitude où elle va s'arrêter.

– Mais cela est impossible car le battement d'aile du papillon ou tout autre phénomène aussi insignifiant pourrait tout dérégler, intervint Hossein*****. Quand les systèmes sont trop instables, il est impossible de calculer leur évolution, qui semble due au hasard. Le futur est contenu dans le présent, mais il faut parfaitement connaître le présent, dans ses moindres détails, pour prédire à long terme.

– Triste incompétence, remarqua Ibliss. Et pourtant nous savons que dans six mois ce sera l'hiver et que les températures baisseront. Certaines prévisions à long terme sont possibles, mais pas leur détail******. »

***** Ainsi le billard est-il sensible aux conditions initiales : si les frottements étaient suffisamment faibles pour que l'on puisse faire un coup en 13 bandes, le déplacement d'un spectateur dans la salle, en modifiant l'attraction gravitationnelle sur la bille, ferait qu'elle heurte une bande plutôt qu'une autre. Petite cause, grand effet.

****** Toutefois, les prévisions de mauvais temps se vérifient plus souvent que les prévisions de beau temps.

« Le mathématicien français Henri Poincaré démontra que les solutions d'une équation simple peuvent être très compliquées, si compliquées qu'une toute petite perturbation d'un des termes de l'équation peut changer fortement le résultat. En météorologie, il peut pleuvoir ou ne pas pleuvoir, confirma Chahrazade. Les systèmes affligés de ce handicap sont dits chaotiques. Le mathématicien Jacques Hadamard l'avait pressenti : "un des problèmes fondamentaux de la Mécanique céleste, celui de la stabilité du Système solaire, rentre peut-être dans la catégorie des questions mal posées. [...] On voit que toute trajectoire stable peut être transformée, par un changement infiniment petit dans les données initiales, dans une trajectoire complètement instable se perdant à l'infini. Or, dans les problèmes astronomiques, les données initiales ne sont jamais connues qu'avec une certaine erreur. Si petite soit-elle, cette erreur pourrait amener une perturbation totale et absolue dans le résultat cherché."
Après que l'on ait déterminé le caractère chaotique du climat, le physicien David Ruelle a montré que nombre de systèmes physiques souffraient de la même infirmité : une extraordinaire sensibilité aux perturbations initiales. Cependant, tout n'est pas chaotique et les chercheurs ont dépisté les phénomènes qui éliminaient le chaos. Ainsi Jacques Laskar a démontré que si la Lune n'avait pas existé, nous non plus : la Lune stabilise la rotation de la Terre. »

À ce moment de la narration, Chahrazade vit apparaître le matin, et discrète, se tut.

QUARANTE-ET-UNIÈME NUIT

UN MONDE FLOU, FLOU, FLOU

Chahmazane était dépité par les limitations de la physique. L'histoire du chaos l'avait miné. Il convoqua la cour pour décider de l'attribution des crédits à la recherche fondamentale. Il se sentait enclin à sauvegarder l'équilibre des dépenses publiques.

« Faites-moi la liste de ce que vous ne savez pas prédire, ordonna-t-il aux scientifiques. »

Les hommes de science connaissaient la musique, les desseins de leur roi, et tous les prétextes permettant de diminuer les crédits de recherches. Le mathématicien physicien Abdul pris la parole, courageusement.

« Faisons un voyage, avec l'aide d'Aladin, proposa-t-il au souverain. Nous vous montrerons d'intéressantes et instructives incertitudes. »

Chahmazane, dubitatif*, était partagé. D'un côté un voyage trompeur d'ennui, de l'autre il subodorait un faux-fuyant. Son goût pour l'exotisme l'emporta.

« Où allons-nous ? demanda-t-il.

* L'instruction transforme l'ignorance en incertitude.

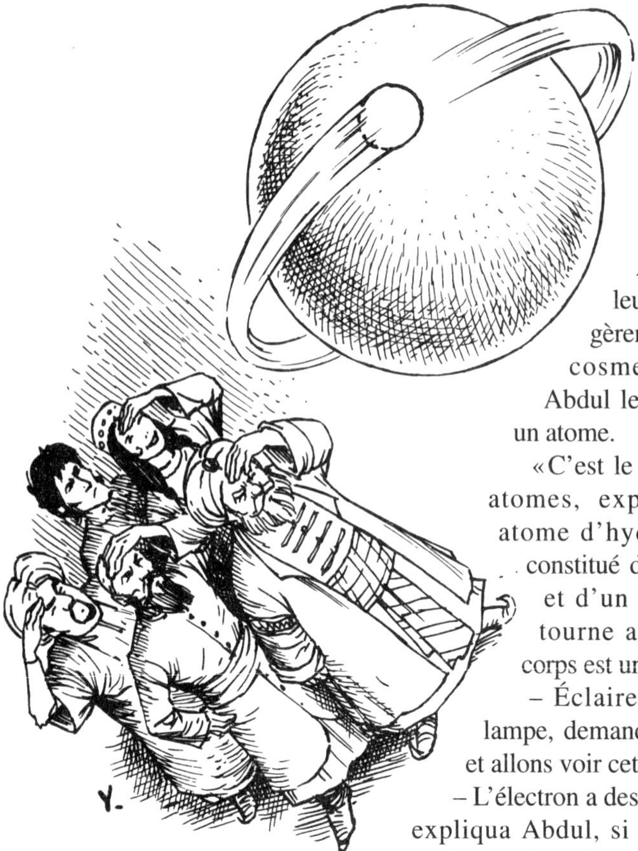

– Visiter le monde microscopique, lui répondit Abdul.»

D'un coup sur la lampe, Aladin réduisit leur taille. Ils plongèrent dans le microcosme ténébreux. Abdul les conduisit vers un atome.

«C'est le plus simple des atomes, expliqua-t-il. Un atome d'hydrogène. Il est constitué d'un gros noyau, et d'un petit corps qui tourne autour. Ce petit corps est un électron.

– Éclairez-nous avec la lampe, demanda Chahmazane, et allons voir cet autochtone.

– L'électron a des mœurs bizarres, expliqua Abdul, si vous l'éclairez pour le voir, il va fuir.

– Pudique particule, commenta Yatagan.

– Le monde microscopique a ses lois. Si vous tentez de déterminer la position d'un électron, ou toute autre particule, en l'éclairant par exemple, il va gagner de la vitesse et vous échapper.

– Comme les jeunes filles de ma connaissance, continua Yatagan. Dès que je désire connaître leur adresse, elles détalent.

– Yatagan, dans sa rusticité analogique, connaît les particularités du monde des particules, remarqua Abdul. On ne peut connaître à la fois la position et la vitesse d'un électron.

– Je sais bien que l'on ne peut pas faire deux choses à la fois, dit Zéphyr.

– C'est plus que cela, répliqua Abdul. Même si vous vous y mettez à plusieurs, vous ne pourrez mesurer les valeurs des deux quantités au même instant. Mais, plus fort encore, un électron**, ni d'ailleurs aucun objet, ne peut être parfaitement immobile, car vous connaîtriez à la fois sa position et sa vitesse nulle. »

Zéphyr s'étonna de l'image des atomes avec un noyau et un électron gravitant autour.

« Pourquoi l'électron négatif, qui est attiré par le noyau positif, ne s'effondre-t-il pas sur lui, demanda-t-elle ? L'électron accéléré dans son mouvement tournant rayonne de la lumière et perd de l'énergie. Au bout d'un certain temps, il devrait tomber sur le noyau. Pourquoi ne le fait-il pas ?

– Parce qu'il serait en un endroit précis, et nous venons de voir qu'il ne supporte pas cela. Il se tient à une certaine distance en tournant tout autour. Sa position approximative correspond à une vitesse raisonnable.

– Et qu'est-ce que cela explique, demanda, pratique, Chahmazane ? Vous me balancez des impossibilités d'un ton péremptoire. Si l'on ne sait rien, on ne sert à rien. »

Abdul n'était pas homme à se démonter.

« À expliquer pourquoi votre siège ne s'effondre pas lorsque vous vous asseyez dessus, Sire. Lorsque vous posez votre royal séant*** sur le trône impérial, vous poussez les électrons qui entourent les noyaux vers ces mêmes noyaux, donc vous les localisez.

– Quels électrons, interrogea Chahmazane ?

– Les électrons des atomes qui constituent le trône, bien sûr, interrompit Zéphyr.

– Voilà, confirma Abdul. Quand vous localisez les vaillants petits électrons, vous diminuez l'incertitude sur leurs positions, donc vous augmentez leurs vitesses, donc leur énergie. Ce qui fait qu'ils résistent et vous repoussent.

– Comme les jeunes filles que ce lourdaud de Yatagan tente d'amadouer, ricana Zéphyr. »

Chahmazane sentait qu'il touchait du doigt un principe universel. Ainsi le principe d'incertitude était-il nécessaire à la constitution de la matière. Sans lui, tout s'écraserait par l'attraction des particules

** De telles quantités conjuguées, comme la vitesse et la position, existent aussi dans le monde non scientifique, tels la justice et la charité, la rigueur et la clarté, l'ordre et la liberté. On ne peut augmenter l'une sans diminuer l'autre.

*** La particule est le siège de l'aristocratie, à l'opposé de la partie tête.

chargées positivement et négativement, pensait-il. Cette fulgurance de sa pensée l'étonnait et il commanda aux serviteurs d'apporter quelques boissons et friandises pour agrémenter sa réflexion.

Le vin parfumé à la cannelle était particulièrement apprécié d'Abdul. De larges rasades localisées dans son gosier béant précipitaient sa réflexion métaphysique.

« Vous voyez que l'incertitude est utile, affirma Abdul. La connaissance naît de l'impossibilité de la connaissance…

– La boisson transforme notre physicien en philosophe marxisant, ironisa Zéphyr, trop jeune pour qu'on lui laisse apprécier les effets du liquide. »

Sa phrase se termina dans un cri de douleur. Yatagan venait de lui marcher sur le pied de tout son poids, de toute sa maladresse.

« Yatagan a localisé les électrons de Zéphyr, commenta Abdul sobrement. »

« Le monde des particules où opère le principe d'incertitude est très différent du monde macroscopique où nous vivons, et ses lois sont contraires à l'observation courante, continua Chahrazade. Comme la chauve-souris de La Fontaine, à la fois oiseau ("Je suis oiseau, voici mes ailes, Vive la gent qui fend les airs") et mammifère ("Je suis souris, vivent les rats, Jupiter confonde les chats") tous les objets de la physique sont à la fois onde et particule ; il est impossible de les localiser avec une infinie précision. Aussi la notion de trajectoire où l'on prétend déterminer la position et la vitesse d'une particule perd-elle de sa légitimité en physique microscopique. Un grand nombre de physiciens ont essayé de penser des expériences où l'on pourrait mesurer la vitesse et la position d'une particule simultanément. Sans succès. Le principe d'incertitude, aussi étonnant soit-il, est indispensable à la compréhension du monde microscopique. »

À ce moment de la narration, Chahrazade vit apparaître le matin, et discrète, se tut.

QUARANTE-DEUXIÈME NUIT

LA CRÉATION DU MONDE

Pour parfaire son œuvre, qu'il voulait magistrale,
Le créateur lança sur la voûte des cieux,
De subtils flocons qui seront les étoiles,*
Et qui luiront ensuite d'un seul et même feu.

Chahmazane s'ennuyait ferme, mais gardait une attitude polie. Kamaraklakmar, poète ex-avant-gardiste, déclamait ses vers lors de son audition annuelle au Festival de poésie du royaume de Samarkand. Après ses tentatives lettristes, pleines d'onomatopées gutturales et lourdes de sens caché, il était revenu à un style pompier ultra descriptif, plus apprécié des mécènes et des fonctionnaires d'État. Croyait-il…

« Un poète peut-il s'adapter au manque de goût de l'auditoire qu'il imagine, s'interrogeait Chahmazane ? Kamar n'en est pas moins, pensait-il, avec son déluge de métaphores, terriblement assommant.

Tout cela est d'autant plus ennuyeux, marmonna-t-il, que je dois faire un petit discours pour féliciter le poète. »

* Espérons que le poète est plus riche que ses rimes, mais cela est peu probable : la rime ne paie pas.

Perdu dans un désert d'idées, Chahmazane, angoissé, se demandait ce qu'il pourrait bien dire.

Heureusement, le physicien Abdul était présent et commenta le poème. Qui peut empêcher un scientifique de parler ? Pour une fois, cependant, Chahmazane était content d'Abdul : sa prise de parole intempestive le délivrait de son pensum.

« Intéressante question posée par le poète : les étoiles étaient-elles toutes identiques lorsque le monde fut créé, questionna Abdul ?

– En ses premiers moments**, la boule de feu qui "était" l'univers, était homogène, identique dans tout son volume. Les grains de matière de cet Univers s'attiraient par la force de gravitation. Aussi les étoiles, qui se sont formées par agglomération des particules de matière, étaient-elles alors toutes semblables, expliqua l'astronome royal.

– Ce qui pose problème, continua Abdul. S'il en était ainsi, les agrégats de matière auraient dû tous évoluer de la même façon et tous les objets du ciel seraient aujourd'hui similaires.

– Ce qui n'est pas le cas, continua l'astronome, car les êtres stellaires actuels sont différents, certains gros, d'autres petits, les uns vieux et froids, les autres jeunes et chauds. »

Chacun allait prendre les rafraîchissements qui ponctuent agréablement les séances lyriques, et qui consolent les insensibles à la poésie ; des petits groupes se formaient, dissertant du problème posé. Kamar, auréolé de gloire, discourait sur les prémonitions des chantres imaginatifs qui pressentaient les problèmes scientifiques.

La perplexité de Chahmazane augmentait. Racontez-nous la création de l'Univers, demanda-t-il à l'astronome.

« Au début était le Big Bang ; l'Univers était une petite sphère très chaude qui se refroidit en se dilatant. La matière et la lumière apparurent ensuite, et les atomes attirés entre eux par la force de gravitation, s'agglomérèrent.

– Le problème est déjà là, remarqua notre duettiste, Abdul le physicien. Pourquoi un atome irait-il se coller à tel atome et pas à un autre ?

** Évidemment, ce que chacun aimerait savoir est ce qu'était l'Univers avant qu'il ne soit créé... Le problème est, par définition, insoluble, mais la question est prégnante. Selon le physicien Stephen Hawkings, se demander ce qui existait avant le début de l'Univers est identique à se tenir sur le pôle Nord et à se demander où est le Nord.

Un atome, placé à égale distance entre deux atomes, ne sait où aller. Comme un âne situé à égale distance entre une botte de foin et un récipient d'eau***.

– Sauf que la situation est instable. Un tout petit mouvement de l'âne, vers le foin ou vers l'eau, le rapproche de l'un de ses deux objectifs. Il va alors commencer par celui-là. De même pour un atome : s'il se déplace très légèrement vers un autre, il est attiré par une force plus grande, et s'y agglomère. C'est l'instabilité de la situation qui entraîne l'agglomération.

– Et c'est ainsi que les petits agrégats qui donneront les étoiles se sont formés, conclut Abdul.

– Grâce à cette petite force qui débloque la situation dans le cas de l'âne ou des atomes, nota Chahmazane.

*** Le paradoxe de l'âne de Buridan est universel...

– Le souffle divin du créateur pouvait n'être qu'un minuscule zéphyr, commenta notre poète, les yeux révulsés.

– Ou bien une incertitude quantique liée au principe d'indétermination, si l'on se cantonne aux principes de la physique, sans faire intervenir une quelconque autre puissance ou volonté, intervint Abdul. »

L'explication était plausible, voire convaincante. Au début de l'Univers, il se créa de petits agrégats de matière, d'autres plus gros, et ils évoluèrent différemment.

Hélas, le tapis volant spatio-temporel de Yatagan était en panne et il était impossible de remonter le temps pour aller voir sur place les débuts de l'Univers.

« La lumière qui nous provient des étoiles lointaines a mis longtemps à nous parvenir, et elle témoigne de l'état de l'Univers à des moments antérieurs, poursuivit Chaharazade. On voit ainsi la lumière émise par des étoiles lorsqu'elles étaient plus jeunes de quelques milliards d'années. Toutefois, dans ses premiers instants, l'Univers était opaque et n'émettait pas de rayonnement. Aussi ne verrons-nous jamais l'état de l'Univers à cette époque reculée. Le problème de l'hétérogénéité de l'Univers à ses débuts est une des grandes énigmes de la physique moderne. »

À ce moment de la narration, Chahrazade vit apparaître le matin, et discrète, se tut.

Quarante-troisième nuit

LE DRAME DE LA COURBURE

Ils étaient tous là. Au salon international du tapis volant, organisé par les fabricants du royaume de Samarkand, les plus beaux tapis, les plus rapides, les plus confortables, étaient exposés dans la cour du palais. Chahmazane avait décidé d'acheter le plus rapide pour se rendre au pèlerinage annuel de La Mecque. Aussi une course allait-elle être organisée. Le vainqueur recevrait une coupe d'un genre nouveau, à la base circulaire et au long col.

Yatagan et son rival El-Mâmoun, grands coureurs sur tapis de formule 1, convoitaient le prix de 100 000 dinars*. Ils préparaient leur engin. Les tapis se soulevaient, prenaient de la vitesse, tournaient souplement, et Yatagan expérimentait quelques loopings. Dalila, la nouvelle fiancée de Yatagan, enduisait de miel les pompons amortisseurs pour que, plus aérodynamiques, ils ralentissent moins la progression du tapis.

Les extraordinaires capacités des tapis exigeaient que la course soit aussi longue que possible et le grand vizir chargé des fêtes de Samarkand avait prévu que les deux «voleurs» sur tapis feraient le tour de la Terre. Ils partiraient de l'équateur, feraient un tour complet plus un petit bout de course pour que l'arrivée soit jugée à

* La propriété (et la richesse), c'est le vol...

Samarkand. Postées tout autour de la Terre, des équipes de journalistes rendraient compte de la course.

Pendant que les deux tapis se dirigeaient vers le point de départ, le grand vizir expliquait les règles aux journalistes. Les deux tapis partiront, dit-il, perpendiculairement à l'équateur, à 500 mètres de distance. Ils survoleront le sol à altitude constante, celle du plus haut minaret de Samarkand et, surtout, ne changeront jamais de cap. Toujours tout droit.

Les deux tapis se gonflèrent de vent, et telle la flèche de l'archer habile, s'élancèrent simultanément en ligne droite dans le ciel, selon deux trajectoires bien parallèles**.

L'heure tournait. À Samarkand les organisateurs s'impatientaient. La course aurait dû être terminée depuis longtemps, mais aucun tapis n'était apparu.

Enfin un tapis chargé de journalistes arriva et ils racontèrent le drame.

Les tapis des coureurs avançaient ensemble à la même vitesse, la manette du changement de direction bloquée « droit devant ». Hélas, ils se rencontrèrent au pôle Nord dans un accident affreux. Les deux tapis étaient très abîmés. Yatagan et El-Mâmoun se sont battus dès qu'ils sont arrivés au sol, chacun accusant l'autre d'avoir dévié de sa trajectoire. Ils reviennent sur le TapiSamu.

« Curieux, remarqua Chahmazane, comment deux trajectoires parallèles peuvent-elles se rencontrer ?

– À cause de la courbure, expliqua Abdul. Sur une sphère comme la Terre, les droites sont des grands cercles. Ces grands cercles ont toutes les propriétés des droites du plan : leur direction est fixe et ce sont les plus courts chemins d'un point à un autre. Dans le cas de nos coureurs sur tapis, comme ils étaient partis perpendiculairement à l'équateur, leurs courses parallèles devaient se rencontrer au pôle.

– Bizarre, s'exclama Zéphyr. Mon professeur de géomètrie m'avait dit que par un point extérieur à une droite on ne pouvait mener qu'une parallèle à cette droite.

– Cela est vrai dans un plan, expliqua Abdul. Mais pas sur une sphère, à cause de la courbure. Par un point extérieur à une droite,

** L'écrivain André Frédérique a écrit : « Deux parallèles s'aimaient... Hélas ». Le regret est limité à la géométrie euclidienne.

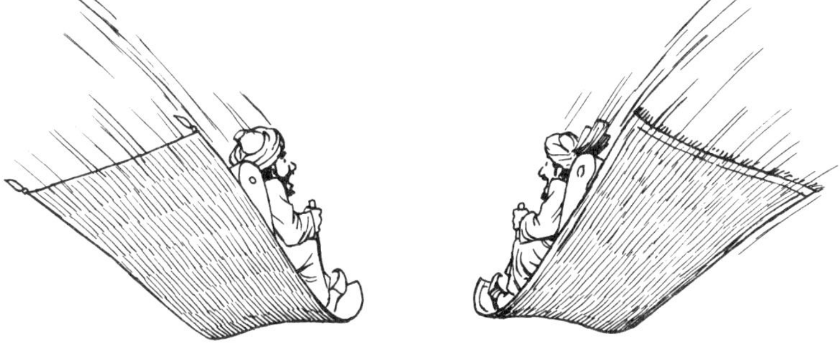

psalmodia-t-il, on ne peut tracer sur une sphère aucune parallèle à cette droite.

– Cent coups de bâton sur la plante des pieds des organisateurs ignorants de la géométrie sphérique, commanda Chahmazane. »

Les organisateurs supplièrent et furent graciés à condition d'inclure un géomètre dans leur comité d'organisation. Albahassan, le spécialiste des géométries, leur exposa les parallèles.

« Il existe aussi des surfaces courbes, que l'on nomme hyperboliques, expliqua Albahassan, où les parallèles ne risquent pas de se rencontrer.

– Parfait, s'écrièrent les organisateurs ravis. Pas de danger de collision. Quelle est cette surface courbe de haute sécurité ?

– Un hyperboloïde, par exemple, répondit Albahassan. Comme la surface de la coupe qui devait être attribuée au vainqueur de la course. Sur cette surface, on peut mener d'un point extérieur à une droite, une infinité de parallèles à cette droite.

– Mais vos droites sont bizarres, remarqua Zéphyr. Elles sont courbées.

– Parce que, sur une surface courbe, les droites sont les courbes qui "gardent toujours la même direction". Ou, ce qui revient au même, les courbes qui relient deux points de telle sorte que la distance parcourue pour aller d'un point à l'autre soit aussi petite que possible. On appelle ces courbes des droites ou des géodésiques.

– Je comprends, exulta Chahmazane. Le plus court trajet d'un point à un autre sur une sphère est la fraction du grand cercle qui passe par ces deux points. Les grands cercles sont les droites des sphères.

– Et la géométrie sphérique a de merveilleuses propriétés, indiqua Albahassan. Par exemple, la somme des angles d'un triangle est supérieure à 180 degrés.

– Évidemment remarqua Abdul, envieux de ne pas avoir été choisi dans le comité d'organisation. Dans le triangle formé par les deux trajectoires de nos coureurs malheureux et la portion de l'équateur située entre les deux, les deux angles de base sont de 90 degrés…

– Ce qui fait déjà 180 degrés nota Zéphyr, auquel il faut ajouter l'angle au sommet, l'endroit où ils se sont rencontrés.

– La somme des angles d'un triangle sphérique peut atteindre 360 degrés, affirma Albahassan. En revanche, sur une surface hyperbolique, la somme des angles d'un triangle est toujours inférieure à 180 degrés. »

Les organisateurs pensèrent à la prochaine course. Ils ne suivraient pas la Terre, cause de catastrophe, mais se demandaient comment déterminer si un espace était courbe, et si oui de nature sphérique ou hyperbolique.

« Vous n'avez qu'à mesurer la somme des angles d'un triangle dont les côtés sont constitués par des rayons lumineux, dont nous savons qu'ils vont en ligne droite, leur expliqua doctement Albahassan. Si vous trouvez plus de 180 degrés, c'est que votre espace est sphérique, si vous obtenez moins, c'est que votre espace est hyperbolique. »

Il allait poursuivre quand les organisateurs virent revenir Yatagan, sabre à la main. Ils jugèrent plus prudent de se disperser par des chemins aussi droits, aussi géodésiques, qu'ils le pensaient possible.

« Cette géométrie des espaces courbes a été élaborée au début du XVIII*e siècle par trois mathématiciens, l'Allemand Carl Friedrich Gauss, le Hongrois Farkas Bolyai et le Russe Nikolaï Ivanovitch Lobatchevski, poursuivit avec enthousiasme Chahrazade. Ainsi fut définitivement prouvé que le cinquième postulat d'Euclide, selon lequel, par un point extérieur à une droite, on ne peut mener qu'une parallèle à cette droite, ne pouvait être prouvé... Ce n'est que dans les espaces euclidiens qu'il est exact. En relativité générale, on montre que les masses courbent l'espace et que les géodésiques que suivent les trajectoires des rayons lumineux sont des courbes et non plus des droites. En géomètrie sphérique, par un point extérieur à une droite; on ne peut mener aucune parallèle à cette droite; en géométrie hyperbolique, on peut en mener une infinité. Le dernier cas pose un problème : toutes ces droites parallèles à une droite donnée se coupent en un point, donc ne sont pas parallèles entre elles... Les cuistres mathématiques disent que la relation n'est pas transitive. »*

À ce moment de la narration, Chahrazade vit apparaître le matin, et discrète, se tut.

Quarante-quatrième nuit

CHAUD ET FROID

« Sire, il sera midi quand vous voudrez. » Le roi Chahmazane et sa cour allaient pique-niquer pour le déjeuner... mais pas très loin : dans les jardins du palais. Chahmazane avait limité sa concession aux bucoliques amateurs de gastronomie champêtre : il ne voulait pique-niquer que dans son jardin. D'abord parce que la proximité du pique-nique évitait les attentes interminables au départ, ensuite parce que le confort du palais était à portée de main, enfin parce que le nombre de fourmis par centimètre carré de sandwich était réduit. Réduction due aussi à la dextérité du djinn Maxwell, petit cousin du djinn Ibliss : il attrapait mouches et fourmis dès qu'elles s'approchaient du trône royal.

Sur son trône agrémenté de feuillages, pampre et glycine, Chahmazane encourageait ses serviteurs à griller sa viande et leur recommandait de bien rafraîchir son vin préféré avec la glace pilée transportée à grands frais des lointains glaciers.

Le grand vizir, économe, réfléchissait à haute voix.

« Quel dommage, pensait-il que l'on apporte, avec le feu, de la chaleur à la grillade, et que l'on en prélève, avec de la glace au vin. Il serait moins coûteux de transférer directement la chaleur du vin aux grillades : le vin se refroidirait, ce qui est agréable à votre royal gosier, pendant que la viande chaufferait, pour lui donner ce grillé caramélisé dont vos papilles raffolent.

– Brillante idée, grand vizir, il faut un tuyau à chaleur, où transiterait la chaleur du vin vers la viande, s'exclama Chahmazane. »

Abdul avait fini son maigre sandwich, et s'intéressait à la conversation.

« Malheureusement impossible, s'exclama-t-il. C'est un Français dénommé Clausius qui a compris pourquoi, mais peu de gens saisissent vraiment ses travaux* ! Je vais vous expliquer.

– Simplement, intervint Zéphyr, pas de considérations oiseuses. »

Abdul expliqua qu'il devait prendre un exemple très imagé où un récipient était partagé en deux parties, l'enfer, très chaud et le paradis, délicieusement frais. Ces deux parties de températures différentes étaient réunies par une petite trappe.

« Qu'est-ce que la température ? s'interrogea Abdul. »

Un frisson traversa l'auditoire. Fallait-il répondre, et comment ? Heureusement ce n'était qu'un procédé de discours, pour soutenir l'intérêt des auditeurs, et Abdul y répondit sans attendre que la salle se manifeste.

« La température, c'est la vitesse des constituants de la matière, les atomes. Il y a des atomes qui vont lentement, d'autres qui vont vite. Il y a plus d'atomes qui vont vite dans la partie enfer que dans la partie paradis. Plus la température est forte plus les atomes vont vite.

– Alors il faudrait prélever dans l'enfer des atomes qui vont lentement pour les mettre au paradis, et les atomes rapides du paradis seraient envoyés dans l'enfer. Et hop, s'exclama Zéphyr, ainsi on pourrait refroidir la partie froide et réchauffer la zone chaude.

– On n'aurait qu'à surveiller les atomes qui arrivent sur la petite trappe. Quand ils sont chauds et qu'ils viennent du paradis, on les laisse aller dans l'enfer. Ceux qui sont froids et qui viennent de l'enfer, on les laisse passer vers le paradis. Les autres ne passeront pas car on aura fermé la trappe.

– Doit-on avoir un opérateur manuel, demande Chahmazane ? Ne peut-il arriver que "par hasard" tous les atomes froids de l'enfer se dirigent vers la zone paradis ?

– Trop peu probable, affirma Abdul. Ce serait comme tirer à pile ou face des milliards de fois et obtenir toujours pile.

---

* On peut parler ainsi de *Numerus Clausius.*

– Alors il faut utiliser un djinn pour ouvrir la trappe. Pourquoi pas ce petit démon de Maxwell qui est si agile de ses doigts ?

– Parce qu'il serait vite malade ! Pour ouvrir si vite la trappe et la refermer, il doit dépenser de l'énergie, donc s'échauffer, et sa température va augmenter, comme celle de la trappe avec qui il est en contact. Celle-ci va alors s'ouvrir inopinément à cause des fluctuations dues à sa température, et des molécules vont passer d'un compartiment à un autre, égalisant les températures.

– Seul un démon de Maxwell qui ne travaille pas peut survivre, conclut Zéphyr. Le travail l'échaufferait et le tuerait. Comme nous tous, remarqua-t-elle. »

« La réfutation du démon de Maxwell est délicate, et Sadi Carnot (1796-1832) était un formidable génie : il a énoncé l'impossibilité de faire passer la chaleur d'un corps froid dans un corps chaud sans connaître aucun des détails de la physique moderne, remarqua Chahrazade. Aujourd'hui, pour démontrer l'impossibilité de certains processus physiques, on prouve qu'ils devraient mettre en œuvre un démon de Maxwell. L'explication moderne de l'impossibilité de faire passer de la chaleur d'un corps froid dans un corps chaud est liée à la théorie de l'information et à l'énergie nécessaire pour inscrire et lire de l'information. »

À ce moment de la narration, Chahrazade vit apparaître le matin, et discrète, se tut.

QUARANTE-CINQUIÈME NUIT

LES POISONS QUI NE TUENT PAS, MAIS AU CONTRAIRE...

Adjib était éperdu d'incompétence et malade d'inutilité. Sa femme Irvana attendait un nouvel enfant, et elle était plus capricieuse que jamais. Son père le roi Chahmazane désespérait de satisfaire toutes ses envies. Pourtant, une armée de petits djinns obéissaient aux moindres désirs d'Irvana, au risque de quelques chamailleries quand les vœux étaient contradictoires.

« Un peu d'air, mais pas de vent, commandait-elle, une sucrerie qui ne fasse pas grossir, et la belle bague de corail, ajouta-t-elle pour Adjib, celle que tu as refusé de m'acheter lors de notre voyage le mois dernier au royaume de Perse. Avec sa liqueur dans la chatière. »

Chahmazane fronça les sourcils qu'il avait broussailleux et autoritaires, et d'un coup d'œil impérieux, engagea son gendre à agir. Adjib n'avait qu'à s'exécuter, et vite.

Adjib coiffa son turban à sept tours, fit harnacher son cheval et partit dans un nuage de poussière. La route est légère aux amants empressés et Adjib se réjouissait de sa mission. Il était heureux de se rendre utile et d'échapper aux tyrannies du palais.

Le royaume de Perse était riche en savants médecins et en experts joailliers. Nombre d'entre eux pratiquaient les deux métiers. Le plus connu des bijoutiers apothicaires, Bel-Heureux, était étendu dans l'entrée de son magasin et sourit en voyant Adjib descendre de cheval. Il salua et commanda à sa servante d'apaiser la soif de son hôte. Adjib lui raconta son voyage et allait aborder le motif de sa visite, quand Bel-Heureux l'interrompit.

« Je pense que vous venez pour la bague, interrogea-t-il. Je n'aurais pas voulu la vendre à qui que ce soit d'autre que vous. »

Adjib acquiesça, penaud.

« Et quel liquide voulez-vous que je mette à l'intérieur ? »

Adjib regardait les baumes et les thériaques, les bocaux étincelants et les fioles mystérieuses, les onguents et les concoctions, les sirops et les crèmes que les assistants de Bel-Heureux préparaient en suivant des recettes centenaires. Il y en avait des milliers pour tous les maux de la terre*.

« Je ne sais ce que veux Irvana.

– Nul ne sait ce que désire sa femme. Mais vous, préféreriez-vous que nous lui donnions un poison ou un médicament ? Nous faisons les deux. »

Adjib opta pour un calmant. Aussi s'étonna-t-il que Bel-Heureux, qui avait choisi de préparer lui-même le liquide, prenne une poudre dans un pot étiqueté poison.

« Je ne me suis pas bien fait comprendre, intervint-il, je voudrais un calmant pour calmer les humeurs d'une parturiente acariâtre, un Irvana** spécial, pas un poison.

– Ce sont les mêmes drogues qui empoisonnent et qui soulagent : question de dose, le tranquillisa Bel-Heureux. »

Adjib écarquillait les yeux d'ignorance.

« Si le poison agit, c'est que des organes du corps y sont sensibles, expliqua Bel-Heureux.

– Et pourquoi y sont-ils sensibles, demanda Adjib ?

– Parce que le fonctionnement de ces organes est commandé par des messagers spéciaux que l'on nomme molécules. Les poisons végétaux sont semblables à ces molécules du corps. Si les molécules sont actives sur des organes, et si elles viennent à manquer, il faut les remplacer. On utilise alors les poisons que l'on sait actifs sur ces mêmes organes, mais ces poisons sont administrés à faible dose.

---

* Il y avait même des médicaments qui ne correspondaient à aucune maladie.

** Nirvana ?

– Contre quel mal ce poison agit-il ? demanda Adjib.

– Contre la douleur. La molécule agit et pacifie les parties du cerveau qui commandent l'impression de douleur, répondit Bel-Heureux. Très efficace aussi contre l'énervement et les contrariétés. Nous extrayons la molécule du pavot. »

Bel-Heureux remplit l'intérieur de la bague, la plaça dans un magnifique écrin d'ivoire damasquiné et souhaita un bon retour à Adjib.

Le retour d'Adjib fut encore plus rapide que l'aller. Adjib vérifiait constamment la présence de l'écrin dans son sac. Il rayonnait du bonheur qui résulte du bon accomplissement des missions.

En montant les marches du palais de Chahmazane, il remarqua le tumulte et s'étonna que personne ne fit attention à lui.

En approchant de la chambre d'Irvana, il l'entendit converser avec sa suivante.

« Que fait ce benêt d'Adjib ? Il en prend un temps pour me rapporter l'anneau de turquoise qu'il m'avait promis. Bien plus belle que cette horrible bague de corail qui fait parvenu. Je me demande s'il m'a bien comprise ! »

Adjib frissonnait de terreur : encore une foucade d'Irvana.

Il allait subir les foudres injustes de sa femme capricieuse quand Chahmazane vint à sa rencontre et l'embrassa.

« Félicitations, mon gendre. Vous êtes à nouveau père.

– Un garçon, interrogea Adjib ?

– Non, sourit Chahmazane, trois… »

Adjib eut un hoquet de surprise. Après un moment de réflexion, il ouvrit en tremblant d'énervement l'écrin, puis la bague, et but d'un trait son contenu.

Rasséréné, il entra alors embrasser Irvana et ses triplés, et justifier le résultat de son voyage.

« Combien d'hommes et de femmes, continua Chahrazade, sont-ils morts avant que l'on s'aperçoive de la toxicité des plantes qu'ils avaient mangées. Une fois acquise, cette connaissance se transmit par les sorciers et les chamans. L'idée que les plantes n'agissent pas par magie mais par les molécules qu'elles contiennent, ce que l'on nomme le principe actif, fut une formidable avancée de la médecine. Que les molécules des poisons existent aussi dans le corps est une découverte encore plus récente. C'est ainsi que, dans les années mille neuf cent soixante-dix, des chercheurs découvrirent les endorphines : si la morphine agit sur le cerveau, raisonnèrent-ils, c'est qu'il existe dans le cerveau des récepteurs qui sont commandés par des molécules semblables à la morphine. Après identification on les appela les endorphines. »

À ce moment de la narration, Chahrazade vit apparaître le matin, et discrète, se tut.

Quarante-sixième nuit

SOLIMAN NE MARIE PAS SA FILLE

Le roi Soliman voulait marier Myriam, sa fille unique. Beauté pulpeuse, Myriam, mais, d'humeur acariâtre. Malgré la fortune du roi, aucun prétendant ne se présentait. Soliman s'en plaignit au roi Chahmazane.

« Que ne promettez-vous une récompense à votre futur gendre ? Une somme d'argent par exemple.

– J'ai essayé, soupira Soliman. Hélas, ces gredins acceptent l'argent* et, au dernier moment, ils refusent d'épouser ma fille. »

Ibliss se tortillait d'impatience. Chahmazane lui donna la parole.

« J'ai la solution, s'exclama le petit djinn. Le chef des djinns, le grand Damvirate, m'a prêté un appareil qui mesure l'état mental d'un homme.

– Ce qui fait que l'on peut lire dans ses pensées, continua Soliman.

– Oui, Sire. Aussi, vous pourriez déterminer si le candidat va tenir ses promesses et épouser votre fille. »

* Les prétendants ne peuvent souffrir la fille de Soliman, même vue de dot. Cette remarque est de Boni de Castellane. Le même avait dit : « Cette jeune fille n'est pas assez folle pour épouser quelqu'un d'assez fou pour l'épouser. »

Chahmazane rayonnait de contentement, tellement l'efficacité de son djinn lui était agréable.

« Nous allons mettre au point le scénario, ajouta-t-il. L'appareil de Damvirate mesure l'état mental du candidat-gendre, la veille des noces potentielles ; il détermine s'il va épouser votre fille, et si oui, il indique à votre vizir qu'il doit mettre 1 000 dinars d'or à la disposition du prétendant honnête, somme qu'il pourra toucher le lendemain de l'examen. Si l'appareil détermine qu'il ne veut pas épouser Myriam, alors aucune somme n'est déposée.

– Et évidemment le prétendant ne connaît pas le résultat de l'analyse de l'appareil, continua Soliman. Si la machine détermine qu'il est fidèle à ses promesses, il aura les 1 000 dinars. »

Les deux rois se congratulaient de leur intelligence et des beautés de la technique d'imagerie mentale. La machine ne se trompait jamais, leur assurait-on.

Giaffar, logicien** du roi Soliman, demanda la parole. Le roi Chahmazane frissonna : Giaffar était un désillusionniste. Cela se vérifia.

« Sires, la machine de Damvirate ne peut fonctionner.

– Et pourquoi donc ?

– Imaginez la situation du prétendant, le lendemain de l'examen de son état mental, et juste avant de devoir épouser votre fille.

– Nous imaginons parfaitement, assurèrent les deux Sires.

– Le prétendant s'interroge alors sur l'intérêt qu'il a d'épouser votre fille. Soit la machine a décelé qu'il épouserait votre fille et l'argent est déjà versé et il n'a plus besoin de se marier. Soit la machine a mesuré qu'il ne voulait pas l'épouser, et il lui semble inutile de s'infliger le poids d'une harpie sa vie durant.

– Et dans les deux cas, ma fille reste célibataire, gémit Soliman.

– Exact, confirma Giaffar : si la machine est parfaite, elle a vu le raisonnement que le postulant pensait faire et déterminé qu'aucun postulant n'épouserait votre fille.

** Les logiciens sont renommés pour leurs réponses incongrues :
« Avez-vous un garçon ou une fille ?
– Oui, répond le logicien. »
« Ma fille ne comprend pas un mot de français.
– Lequel, répond le logicien ? »
Il est des logiciens masochistes qui ne sont pas toujours de leur propre avis.

– Nul ne peut avoir l'intention de faire quelque chose quand il a toutes les bonnes raisons de ne pas le faire, conclut Ibliss.

– Aucun prétendant ne pourra gagner les 1 000 dinars, soupira Soliman, et je continuerai à supporter ma fille. »

« Dans de nombreuses situations, nous promettons ou nous menaçons : notre état mental est alors tel que notre action future est déterminée. Or, à l'instant où il faut nous exécuter, tenir notre promesse ou exécuter une menace peut être contraire à nos intérêts, expliqua Chahrazade. Ainsi, la menace d'une riposte, telle que la dissuasion nucléaire, est-elle crédible ? Seulement si je peux figer mon état mental, répond le décisionnaire, car il y a des gens qui tiennent leur promesse, même quand elles sont irrationnelles, parce que défavorables, au moment où elles doivent être prises. En revanche, si l'on menace, il faut, pour que la menace soit crédible, efficace, donc rationnelle, être déterminé à l'exécuter. La question de la dissuasion nucléaire est posée là toute entière : elle n'est efficace que si l'on est déterminé à utiliser la force nucléaire, même à son propre détriment. C'est la machine du Docteur Folamour. »

À ce moment de la narration, Chahrazade vit apparaître le matin, et discrète, se tut.

QUARANTE-SEPTIÈME NUIT

L'ÉQUILIBRE DES POPULATIONS

A la foire aux animaux, Chahmazane voulait tout acheter. Son goût de la possession était exacerbé par la beauté des animaux exposés dans les jardins de son palais. Il admirait surtout les éléphants : il était attiré par la dignité de leur stature. Il prétendit faire plaisir à Irvana sa fille en lui en achetant un couple de proboscidiens pour son anniversaire, mais en fait il était content de profiter de leur présence. D'autant que c'était une bonne action de protection : les éléphants étaient menacés par les trafiquants d'ivoire*.

Irvana ne pouvait refuser l'encombrant cadeau. Et elle n'était pas mécontente d'avoir des éléphanteaux domestiques. Aussi se renseigna-t-elle sur la fertilité des éléphants.

« Les femelles éléphants ont en moyenne six petits en 60 ans, soit un tous les dix ans, la renseigna le cornac.

– Ce n'est pas beaucoup, se plaignit Irvana, je crains d'avoir à attendre dix ans. Ils ne se reproduisent pas vite.

– C'est pour cela qu'ils sont si rares, expliqua le vendeur, qui voulait exploiter le prix de la rareté.

---

* Faut-il prendre la défense des éléphants ? Au pied de la lettre, ceux qui pensent ainsi se trompent.

– Tut, tut, tut, intervint Ibn Musa. »

Le grand mathématicien Mohamed Ibn Musa Abdallah al-Kharazmi al Madjussi ul Qutrubilli était l'hôte du palais. Sa renommée de mathématicien était universelle, et ses « tut, tut, tut », connus du monde scientifique : ils dénotaient son exaspération devant une erreur.

Son sourire de pitié, et ses yeux révulsés n'échappèrent pas à Zéphyr de l'adolescence, la fille d'Irvana, renommée pour ses dons d'observation. Elle l'interrogea :

« N'est-il pas vrai que les éléphants sont rares ?

– Je ne sais pas, répondit Ibn Musa, mais s'ils sont rares, ce n'est pas parce qu'ils se reproduisent lentement… »

La cour était suspendue aux lèvres d'Ibn Musa. On le pressait de continuer.

« Un couple ayant six petits en 60 ans de vie fertile, après seulement 500 ans, il y aurait 15 millions d'éléphants issus de ce couple. Comme les éléphants existent depuis plus de cinq siècles, il doit y avoir beaucoup d'éléphants dans votre royaume, Sire.

– Ineptie mathématique, intervint le géologue royal, qui n'aimait guère les mathématiciens et leurs généralisations hâtives. S'il en était ainsi, il y aurait encore plus de souris et d'autres animaux qui se reproduisent plus vite que les éléphants.

– Exact, affirma Malthus, le naturaliste. Chaque animal de la création a plus de descendants qu'il n'en peut survivre et se reproduire. Le manque de nourriture, les maladies, les variations de climat limitent la taille des populations animales.

– Mais si j'élève bien mes éléphanteaux, il seront protégés, demanda Chahmazane inquiet ?

– Et si je prends soin des suivants, interrogea Irvana ?

– Et moi de leurs petits, renchérit Zéphyr ?

– Vous et vos descendants pouvez favoriser l'épanouissement des éléphants. Dans un environnement favorable, les espèces prolifèrent. Mais quand il y aura trop d'éléphants, vous ne pourrez plus les nourrir ou alors c'est vous qui mourrez de faim. »

La perspective attrista Zéphyr qui pensait que la nature était cruelle. Chahmazane s'enquit des humains.

« Il me semble, dit le roi, que la plupart des enfants survivent.

– Certainement Sire, depuis que nous avons inventé l'agriculture au néolithique, il y a 10 000 ans, acquiesça le naturaliste.

Depuis cette époque lointaine, la population humaine est passée d'un million à plusieurs milliards d'individus.

– Pour les humains, ma loi s'applique, remarqua le mathématicien Ibn Musa.

– Mais elle ne s'appliquera pas toujours : quand les hommes auront épuisé ou raréfié une ressource indispensable, l'air, l'ozone, la nourriture, ou l'eau, la population humaine diminuera, et disparaîtra peut-être au profit d'une autre espèce, probablement un insecte.

– Je me demande ce que deviendront alors les descendants de nos éléphants, s'interrogea Zéphyr. Subsisteront-ils toujours ? »

Un silence se fit car nul ne désirait lui faire de la peine. Ibn Musa tenta de la divertir par une pirouette de l'esprit.

« Nul ne pourra jamais savoir, ma chère Zéphyr, si une espèce est immortelle, affirma-t-il. Il faudrait attendre un temps infini pour s'en assurer**. »

« L'évolution privilégie de cette manière la vie par rapport à l'espèce et l'espèce par rapport à l'individu, expliqua Chahrazade. Aussi le bien et le mal, qui ne sont envisagés qu'en ce qui concerne l'individu, s'éclairent-ils d'un jour nouveau du point de vue de l'espèce : la mort de l'individu est indispensable au progrès de l'espèce et de la vie. Il est alors illogique que l'homme range parmi les forces du mal les processus qui lui ont donné naissance : sans la mort, les êtres vivants n'auraient pas évolué et l'homme n'existerait pas. »

À ce moment de la narration, Chahrazade vit apparaître le matin, et discrète, se tut.

** De même, se plaignent les pharmacologues, pour avoir la certitude qu'un médicament n'entraîne aucune dépendance, il faudrait le prendre pendant un temps infiniment long.

Quarante-huitième nuit

LA FLORAISON DES BAMBOUS

Grande nouvelle au palais: les bambous avaient fleuri ! Irvana l'avait remarqué lors de sa promenade matinale dans les jardins du roi Chahmazane. La nouvelle s'était propagée et les artistes avaient accouru. Quelques poètes exerçaient leurs rimes pour commenter la floraison, qui une ode, qui un sonnet, les experts un quatrain, les plus concis, un distique. Les peintres de nature morte étaient extatiques, et les sculpteurs inquiets de la brièveté et de la rareté du phénomène. La cohorte artistique vibrait d'émotion.

«Je suis content d'avoir vu ces fleurs avant de mourir, s'exclama Chahmazane.

– L'événement est rarissime, confirma Bournadel le botaniste. Ces bambous vivent plus de 80 ans; ils ne fleurissent qu'une fois, dispersent toutes leurs graines qui recouvrent le sol d'un épais tapis, et meurent.

– C'est curieux, s'étonna Irvana, qu'ils attendent d'être si vieux pour se reproduire.

– Parfaitement incompréhensible, renchérit Chahmazane. Les bambous auraient plus de descendants s'ils fleurissaient et dispersaient leurs graines tous les ans, comme les pissenlits.

– Si les bambous ont évolué ainsi, c'est qu'ils y trouvent un avantage, lui affirma Bournadel. Réfléchissez, Sire.»

Chahmazane tentait de réfléchir, mais il ne savait où porter son attention. Il écarquillait les yeux, signe de bonne volonté inutile. Bournadel guida sa pensée.

« Quel est le principal obstacle à la reproduction des bambous, s'interrogea-t-il. Les prédateurs, les oiseaux, qui mangent les graines. Une graine mangée est une graine qui ne se reproduit pas, un bambou assassiné. Mais si les graines sont assez nombreuses, les prédateurs sont rassasiés avant de les manger toutes. Aussi certaines donneront- elles des jeunes bambous.

– Et si les bambous fleurissaient plus souvent, continua Irvana, les prédateurs qui s'en nourrissent ajusteraient leur période de fécondité pour que leurs enfants trouvent à leur naissance une nourriture adéquate. L'intervalle entre deux floraisons de bambous est bien supérieur à la durée de vie d'un oiseau. »

Irvana était songeuse. La nature, prolifique en solutions, inventait de nombreux systèmes de reproduction. Certains animaux se reproduisent souvent, mais avec un petit nombre de descendants, d'autres êtres vivants plus rarement, mais en plus grand nombre.

« Les bambous sont de grands calculateurs, pensa-t-elle tout haut. Ils savent compter jusqu'à 80. »

« Des animaux sont aussi mathématiciens, lui apprit Bournadel. Il existe une cigale dont la nymphe vit sous terre 17 ans avant de sortir, pour être fécondée, pondre ses œufs et mourir. D'autres cigales vivent ainsi seulement 13 ans enterrées. »

Chahmazane songeait qu'il devait acquérir de telles cigales pour le zoo mathématique qu'il venait de constituer. Il avait déjà un mouton à cinq pattes, un veau à deux têtes et un mille-pattes unijambiste.

Le djinn Ibliss expliqua la particularité des nombres 13 et 17.

« Les nombres treize et dix-sept sont-ils magiques ? Presque. Ce sont des nombres premiers, c'est-à-dire des nombres qui n'ont pas de diviseurs.

– En quoi les nombres premiers éloignent-ils les prédateurs, demanda Irvana ?

– Ils ne les repoussent pas vraiment, mais ils les empêchent de synchroniser leurs naissances avec la sortie des cigales, précisa Ibliss. Imaginez un oiseau prédateur : son cycle de vie est court, deux à cinq ans par exemple. Si une génération de prédateurs s'est nourrie des nymphes de cigales quand elles sont sorties de terre, aucune des générations suivantes ne sera au même stade de développement

lorsque les nymphes apparaîtront. Les organismes dont le cycle de vie est de deux ans apparaîtront à 2, 4, 6, 8, 10, 12, 14, 16, et 18 ans, ceux de cycle trois ans à 3, 6, 9, 12, 15, 18 ans: ils manqueront à chaque fois l'apparition des nymphes. Aussi les nombres premiers sont un avantage pour les nymphes.

– Dire que ces insectes sont calculateurs serait anthropomorphique: la réalité est plus simple. Lorsqu'une mutation a fait que la durée de vie des cigales est égale à un nombre premier, celles-ci se reproduisent en plus grand nombre, et prolifèrent. Cet avantage adaptatif se transmet à une plus grande population de descendants et ainsi de suite.»

«Dans le cas d'un oiseau vivant cinq ans et d'une cigale 17 ans, la coïncidence des naissances se produit tous les 5 x 13 ans, soit tous les 65 ans, raisonna Chahrazade. La synchronisation des naissances semble impossible. Cet exemple est plus intéressant que la numérologie classique et pythagoricienne qui attribue des propriétés magiques aux nombres hors de tout contexte. Ici, la propriété magique est reliée à l'optimisation de la faculté de reproduction.»

À ce moment de la narration, Chahrazade vit apparaître le matin, et discrète, se tut.

Quarante-neuvième nuit

LE SECRET DES NOTES

« Comment savoir si je suis sélectionnée ? » s'interrogeait Zéphyr. Le Shah d'Izmir, la ville étincelante, organisait chaque année un concours de danse et de musique parmi les élèves des classes de Samarkand. Zéphyr, la petite fille du roi Chahmazane, avait révisé ses pas de danse et sa composition de cithare avec assiduité les semaines précédentes. Ses parents pensaient qu'ils avaient contribué, par leur longue patience*, à la réussite possible de leur fille.

L'air joué par Zéphyr était guilleret et entraînant, et les paroles d'une poésie limpide qui aurait éveillé des sentiments chez un nénuphar. Même Chahmazane, pourtant peu sensible à l'immatérialité, avait apprécié.

Quand à la danse, c'était un ravissement. Zéphyr avait sautillé pendant cinq minutes au milieu de pétales de roses, légère et gracieuse. Zéphyr rêvait de devenir petit rat, et le gentil Shah l'avait félicité de sa prestation**.

---

* La patience est une qualité parentale : elle ne vient qu'après une longue attente... patiente.

** A bon Shah, bon rat.

Zéphyr voulait savoir si sa note de 16/20 était supérieure à la moyenne des notes de toutes les candidates, la condition de la réussite. Tout le monde était désireux de calculer la moyenne des notes, mais personne ne voulait communiquer sa propre note. En fait, un règlement du concours stipulait qu'il était interdit de divulguer sa note. Et le Shah prenait une semaine pour calculer la moyenne.

Zéphyr interrogea le djinn Ibliss qui avait accompagné ses parents dans les tribunes. Celui-ci vola demander conseil au mathématicien Ibn Musa. Il revint avec la solution qu'il exposa aux candidats, disposés à l'entendre et en cercle autour de lui.

« L'une d'entre vous, Zéphyr par exemple choisira un nombre entre 0 et 20 qu'elle gardera secret. Elle ajoutera sa note à ce nombre et passera le résultat du calcul à sa voisine. Celle-ci ne pourra connaître la note de Zéphyr. Ensuite chacune des candidates ajoutera sa note au total et passera le résultat à sa voisine. Quand le total sera revenu à Zéphyr, celle-ci soustraira le nombre qu'elle avait choisi, divisera ensuite le nombre obtenu par le nombre de candidates et obtiendra ainsi la moyenne qu'elle dira à tous. »

Après quelques discussions, les jeunes filles se rallièrent à la proposition du djinn et la moyenne fut calculée. Chacune put comparer sa note à la moyenne. Zéphyr était soulagée : la moyenne n'était que de 14,8 et elle était au-dessus de la barre***.

« Est-il vraiment impossible de tricher, interrogea Chahmazane ? Nous savons qu'il est interdit de divulguer sa note, mais Zéphyr pourrait indiquer son nombre de départ et la deuxième candidate pourrait connaître la note de Zéphyr.

– Le codage est mauvais en présence d'une tricheuse, répondit Ibliss.

– Ou plutôt une bavarde, intervint Irvana, la mère de Zéphyr.

– On peut en inventer d'autres qui restent bons quand il y a deux tricheurs. Mais il y a une méthode qui interdit toute tricherie, sauf si toutes les candidates donnent leur chiffre, expliqua Ibliss.

– Je pense que nous n'échapperons pas à une explication, soupira Irvana. Je serais toute ma vie pénalisée par la curiosité de mon père et les activités de ma fille : je suis la génération sacrifiée. Allez-y Ibliss, finissons-en.

*** Normal, pour une danseuse.

– Supposons qu'il y a 10 candidates. Chacune établit une somme de dix nombres qui soit égale à sa note. Puis elle dit le premier de ces dix nombres à la première candidate (elle-même, donc elle garde ce nombre), le second à la seconde, et le dixième à la dixième. La seconde candidate fait de même, et ainsi de suite jusqu'à la dixième.

– Et alors, demanda Chahmazane ?

– Et alors, chacune des candidates totalise les nombres qu'elle a reçus des autres à celui qu'elle a gardé pour elle et peut le divulguer aux autres. Toutes ces sommes sont additionnées et divisées par 10, le nombre des candidates. Le résultat de la division est la moyenne générale des notes. »

Irvana était si contente de la fin de la démonstration qu'elle esquissa un pas de danse et un pied de nez à Ibliss et à Chahmazane.

« Prestation inférieure à la moyenne, nota Chahmazane. »

« Le maître mot de la civilisation moderne est la communication, conclut Chahrazade. Elle est surtout abordée en termes quantitatifs. La qualité de l'information est moins bien étudiée. Quand le philosophe américain Henry D. Thoreau apprit que le Maine et le Texas avaient été reliés par le télégraphe, il se demanda ce que le Maine avait à dire au Texas...

L'industrie des communications se pose le problème du secret, et les codages permettant de transmettre une information sans la dévoiler ont été l'objet d'importantes études en cryptographie. La transmission des informations par des ondes que chacun peut capter impose un codage strict. Les gouvernements tentent de s'opposer à la transmission secrète des informations, souhaitant conserver ce monopole, mais à terme, ils ne pourront s'opposer au désir de sécurité de chacun. »

À ce moment de la narration, Chahrazade vit apparaître le matin, et discrète, se tut.

Cinquantième nuit

L'HÔTEL INFINI

Il y avait dans la ville de Samarkand, un hôtelier dénommé Sabour, qui était d'une immense richesse. Cordial et d'une remarquable hospitalité, il accueillait avec amabilité le voyageur fatigué. Les passagers étaient hébergés gratuitement et le payaient de leurs histoires. Chaque jour, il interrogeait son miroir : « Ne suis-je pas le meilleur hôtelier du monde ? » et son miroir confirmait sa suprématie.

Un jour, il vit arriver un voyageur poudreux et fatigué ; ses habits laissaient deviner une provenance lointaine. Il déclina son nom, Assim, et demanda une chambre.

« Vous avez de la chance, affirma Sabour, il m'en reste une. S'il me vient d'autres voyageurs, je ne pourrai les satisfaire. »

Assim sourit.

« Je connais un hôtel, commença-t-il... »

Mais il était fatigué, et se laissa conduire à sa chambre. Sabour était intrigué et attendait impatiemment le récit du voyageur. D'autant que le miroir avait émis des réserves sur la qualité de son hospitalité et restait dubitatif quant à la primauté de son établissement. Les hésitations du miroir l'encouragèrent à interroger le voyageur.

Rafraîchi et dispos, Assim se dirigeait vers la ville quand Sabour l'invita à dîner. Assim accepta et, à la fin du repas, il décida de répondre à l'interrogation muette de Sabour.

« Je connais un hôtel, dans les confins de l'Empire du milieu, qui a un nombre infini de chambres.

– Un bel hôtel, demanda Assim ?

– Certainement par la quantité des chambres, répondit Sabour. Celles-ci sont toutes identiques, sauf pour le nombre de feuilles de lotus sur la porte qui indique le numéro entier de la chambre. J'ai dormi dans la chambre 314.

– Existe-t-il une chambre dont le numéro est égal aux décimales de π, interrogea Assim ?

– Certainement, avec autant de chiffres que vous voulez, puisque tous les nombres sont représentés dans la suite infinie. »

Sabour racontait que des serviteurs étaient envoyés nettoyer les chambres lointaines et que certains ne revenaient pas. Le service du petit déjeuner en chambre n'était assuré que jusqu'à la chambre 2 800.

« Compréhensible, s'exclama Assim. Nul hôtel n'est parfait.

– Toutefois, l'accueil était irréprochable, même quand l'hôtel était plein. »

Assim manifestait des signes d'incompréhension.

« Cela m'arriva un jour, raconta Sabour. L'hôtel affichait complet, mais l'hôtelier trouva de la place. Il m'attribua la première chambre. Puis il déménagea les locataires d'une chambre, celui de la chambre 1 alla dans la chambre 2, celui de la chambre 2 dans la chambre 3, et ainsi de suite. Tout le monde était relogé.

– Et vous aviez la chambre la plus proche de l'entrée, admira l'hôtelier.

– J'ai dû libérer la chambre que j'occupais à trois reprises dans le courant de la nuit, nota Assim, car trois nouveaux voyageurs s'étaient présentés. Mais les possibilités de notre hôtelier ne s'arrêtaient pas là… »

Assim se demandait quel service supplémentaire il pouvait offrir.

«Un jour se présentèrent une cohorte de nombreux voyageurs, d'une infinité de voyageurs. Notre hôtelier put les loger.

– Comment, s'exclama Sabour ?

– En plaçant le premier voyageur de son hôtel dans la chambre 2, le deuxième dans la chambre 4, etc. Étaient libérées ainsi les

INCOMPLET
REGISTRE SANS FIN
ICI ON PAIE D'AVANCE,
TICKET REPAS
REGLEMENT
• LA DIRECTION DECLINE TOUTE RESPONSABILITE EN CAS DE PERTE
• LES ANIMAUX SONT STRICTEMENT INTERDITS.
• LES CHAMBRES DOIVENT ETRE LIBÉ-RÉES AVANT 11 H.
RECHERCHONS PERSONNEL DE SERVICE
S'ADRESSER ICI
A VENDRE TAPIS VOLANT TBE. PRIX - ARGUS
CRÉDIT EST MORT !

chambres de numéro impair, en nombre infini, où s'installèrent les nouveaux arrivants. »

L'existence d'un hôtel infini effrayait Sabour : une dépense infinie, une recette infinie, un travail infini. Affolant. Il décida de rester le meilleur des hôtels finis.

« Cela me rappelle le paradoxe du livre intitulé *Histoire sans fin*, intervint Chahmahzane : ce livre contient une infinité de pages, chacune d'une épaisseur égale à la moitié de l'épaisseur de la page précédente. Le livre a une épaisseur finie. Imaginez que vous le retourniez : que verriez-vous ? Rien, car le livre n'a pas de dernière page !* »

« Le mathématicien allemand Georg Cantor (1845-1918) découvrit d'autres infinis plus grands encore. L'infini de l'hôtel est l'infini dénombrable : on peut numéroter chaque élément de l'ensemble infini. L'infini des réels, par exemple les positions des points sur un segment, n'est pas dénombrable et l'infini des réels est plus grand que l'infini dénombrable. Un des paradoxes mathématiques est le suivant : quel que soit le point d'un segment dont l'abscisse est rationnelle (que l'on peut exprimer sous la forme d'une fraction), il existe un autre point infiniment proche également d'abscisse rationnelle. Les points d'abscisse rationnelle semblent "remplir" tout le segment : pourtant ils sont infiniment moins nombreux, sur ce même segment, que les points d'abscisse non rationnelle (comme racine de deux, par exemple). Ces points d'abscisse non rationnelle constituent un infini plus grand. On peut construire des infinis plus grands encore, et il existe une infinité d'infinis, par ordre de taille, l'infini dénombrable, l'infini du continu, l'infini des fonctions. "Nous pouvons inventer, mais pas nous représenter, parmi ces enfants des mathématiques, les infinis au-delà de l'infini des fonctions", disait le célèvre physicien russo-américain Georges Gamow (1904-1968). Nous sommes le contraire des Hottentots, ajoutait-il, qui ne savaient compter au-delà de trois et qui avaient beaucoup d'enfants. »

À ce moment de la narration, Chahrazade vit apparaître le matin et, discrète, se tut.

---

* Un éditeur pensait que l'on pouvait supprimer les dernières pages des livres car elles n'étaient jamais lues...

Cinquante-et-unième nuit

LE TALON D'ACHILLE

Le géant des montagnes du Qaf était effrayant. Il était normal qu'un géant soit gigantesque, pensait Zéphyr. Toutefois celui-là était immense : de mémoire de conteur méditerranéen, il n'en était pas de plus grand. En toutes ses dimensions, il était cent fois plus grand qu'un homme. Ses pas lourds et lents ébranlaient la forêt, écrasant sur son passage le juste comme l'incroyant, le lettré comme l'ignorant*. Toutes les semaines, il croquait un marmot. Il fallait combattre et éliminer cette montagne humaine.

« Bien, mais comment, s'interrogeait Chahmazane ? Je suis prêt à faire don à la nation de mon auguste personne, et combattre cette créature.

– Courageux, mais inutile, nota le grand vizir. Votre sacrifice serait vain et désorganiserait l'État. Réfléchissons : dans les contes merveilleux, lorsque de tels monstres apparaissent, un jeune chevalier alerte et plein de fougue détruit la bête immonde. Trouvons ce noble chevalier.

---

* L'injustice est aussi aveugle.

– N'importe quel jeune véloce fera l'affaire, affirma le mathématicien Abdul.

– S'il réussit, nous le récompenserons dignement, affirma Chahmazane.

– Avec quel argent, s'il vous plaît, demanda le grand vizir ?

– Nous lèverons un impôt "géant". Le troisième, cette année**. Mais nous nous égarons : comment le jeune éphèbe vaincra-t-il le géant ?

– Il suffira de le faire courir, affirma Abdul. Pour comprendre pourquoi, faisons un détour par l'architecture. Nous avons fait des essais pour déterminer le poids que peut soutenir une colonne de section carrée sans qu'elle se brise. Quatre colonnes identiques supporteront au total un poids quadruple. Si nous les plaçons côte à côte, nous aurons une colonne de section quadruple. Ainsi nous avons compris que la résistance d'une colonne à l'écrasement est proportionnelle à la surface de sa section.

– Pouvez-vous en venir au fait, demanda Chahmazane ?

– J'y viens. Quand on multiplie par cent les dimensions d'un objet, son volume est multiplié par cent au cube, c'est-à-dire un million, et les surfaces par le carré de cent, soit dix mille. Le géant pèse un million de fois le poids d'un homme ! La section de ses os ne sera que multipliée par dix mille. Aussi chaque centimètre carré de la section des os du géant supportera un poids dix mille fois plus grand qu'un centimètre carré de la section d'un os d'un homme ordinaire.

– Et si nous faisons courir le géant, ses os se casseront, l'interrompit Zéphyr. Envoyons aux casse-pattes n'importe qui, le problème est résolu.

– Pourquoi n'irais-tu pas, lui demanda Irvana, puisque tu es si maligne ?

– Parce que j'ai pris un peu de poids ces derniers temps, murmura Zéphyr. Envoyons un jeune… »

On dépêcha le meilleur coureur de Samarkand qui alla narguer le géant. Le craquement des os du géant retentit dans tout le royaume.

« Le raisonnement sur les colonnes, comme celui de la chute des corps, est dû à Galilée, continua Chahrazade. La variation des surfaces et des volumes avec les dimensions, combinée avec les propriétés des matériaux, explique pourquoi les arbres ne sont pas plus

---

** Chahmazane était de nature imposante.

hauts, car les branches casseraient sous leur propre poids, explique aussi pourquoi les montagnes ne sont pas plus élevées. Regardez les pattes des éléphants : elles sont proportionnellement beaucoup plus grosses que les pattes des mouches. »

À ce moment de la narration, Chahrazade vit apparaître le matin, et discrète, se tut.

BIBLIOGRAPHIE

Jean-Paul DELAHAYE, *Le Fascinant Nombre* π, Paris, Pour la Science, 1998.

G. GAMOW et M. STERN, *Jeux mathématiques,* Paris, Dunod, 1961.

Martin GARDNER, *Haha ou l'éclair de la compréhension mathématique,* Paris, Pour la Science, 1979.

T. W. KÖRNER, *The Pleasures of Counting,* Cambridge University Press, 1996.

Joël MARTIN, *Le Dico de la contrepèterie,* Paris, Le Seuil, 1997.

William POUNDSTONE, *Les Labyrinthes de la raison,* Paris, Belfond, 1990.

Bernard SAPOVAL, *Universalité et fractales,* Paris, Flammarion, Nouvelle Bibliothèque Scientifique, 1997.

Ian STEWART, *Les Mathématiques de la vie,* Paris, Pour la Science, 1998.

Rolin WAVRE , *La Logique amusante,* Editions du Mont-Blanc, 1946.

Et les Auteurs des 250 premiers numéros de *Pour la Science...*

Imprimé en France par Darantiere - N° d'impression : 98-0979
N° d'édition : 2445-01 - Dépôt légal : septembre 1998